Architecture Dramatic 丛书

“公元2050年”后的环境设计

重新构筑城市、建筑、生活

[日]日本建筑家协会　环境行动委员会　编
[日]小山广　　小山友子　译

中国建筑工业出版社

著作权合同登记图字：01-2008-4571号

图书在版编目（CIP）数据

“公元2050年”后的环境设计 /（日）日本建筑家协会，环境行动委员会编；（日）小山广，小山友子译.—北京：中国建筑工业出版社，2016.11
（Architecture Dramatic 丛书）
ISBN 978-7-112-20028-3

Ⅰ.①公… Ⅱ.①日…②环…③小…④小… Ⅲ.①环境设计-研究-日本 Ⅳ.①TU-856

中国版本图书馆CIP数据核字（2016）第252438号

Japanese title: ‘2050nen’ kara Kankyou wo Dezain suru
edited by The Japan Institute of Architects (JIA)

Original Japanese edition
published by SHOKOKUSHA Publishing Co., Ltd., Tokyo, Japan
本书由日本彰国社授权翻译出版发行

责任编辑：白玉美 刘文昕
责任校对：王宇枢 姜小莲

Architecture Dramatic丛书
“公元2050年”后的环境设计
重新构筑城市、建筑、生活
[日]日本建筑家协会 环境行动委员会 编
[日]小山广 小山友子 译
*
中国建筑工业出版社出版、发行（北京海淀三里河路9号）
各地新华书店、建筑书店经销
北京嘉泰利德公司制版
北京中科印刷有限公司印刷
*
开本：787×1092毫米 1/32 印张：$7\frac{3}{8}$ 字数：183千字
2017年6月第一版 2017年6月第一次印刷
定价：30.00元
ISBN 978-7-112-20028-3
(29431)

目 录

序　言

“公元 2050 年”后我们将如何设计环境

“公元 2050 年”的新价值观的转换

为什么我们今天要以“公元 2050 年”为主题呢？

2007 年召开的日本建筑师协会（JIA）大会决定：将在 2011 年的 UIA（国际建筑师联盟）的东京大会上进一步以“公元 2050 年”作为讨论的主题。不过在议论中有许多人曾有过不同的意见。当时，我们曾经就此作过说明：这里所谓的 2050 年，不是指单纯的“将来”，或是“今后 50 年间”的时间；也并非类似以现有状态为出发点的 50 年之后，能把二氧化碳的排放量减少多少之类的问题那样，把它看成是以现在为 100，进行减法计算的一个计划。这些都是错误的观念。我们要想象 50 年后的应有状态，在设想的基础上，来研究以最有效的方式将设想变成现实的智慧或方法，这才是“设计 2050 年”之事的意图所在。这是“反思型理论”，是未来学的研究方法。

在行为经济学领域中，有一条称之为“15% 法则”的理论。据说，如果要求一边想象现有状况一边进行问卷调查，答案的偏差率就保持在 15% 左右。相反的，如果假设以 0 为出发点，只投入必要的东西，就限于增加 15% 左右。它说明了作为一边思考 2050 年的形象，一边进行设计时的意识和态度，例如以“零碳建筑”作为设计的思想，同时导入最小限度的必要的能源，其差距至少可以控制在 15% 的程度。

如果有人问：以现在的社会制度、社会结构、组织、储备以及我们的生活方式，去对应将来的社会和环境的变化，能够适应到什么程度呢？我想适应程度也许能够达到 85% 吧。如果不根据现有的社会系统，而是设想出我们期待的 2050 年的未来社会的形象，选择它，为达到那个目标而筹划的话，看似“不可能的事转变为可能”的可能性将很大。如果以 2030 年为设想目标，则进入了现在的预测范围；相反的，2100 年就太遥远了，是与我们无关的世界了。

到了 21 世纪的今天，我们面临着资源的枯竭、地球环境的问题，以及少育、老龄化等现象，在这些社会问题的背景下，使人们意识到必须具备完全崭新的价值观。放眼世界，自 18 世纪的产业革命以来，拿日本来说，从明治时期的富国强兵开始的近代化的历史中，可以看到它的负面遗产留下了巨大的影子。今天的人们已经认识到：要想转变这些曾经支持过近代化发展的落伍思想，整个地改变现有的结构思想是完全必要的。

现在的趋势 VS 公元 2050 年

今天束缚我们的思想观念都有哪些内容呢？根据其关键字，将现在和“公元 2050 年”作个对比吧。

- 从“重、厚、长、大型”的社会转向“轻薄短小”的人性化标准的社会（大的、豪华的、庄重的价值标准 VS 轻巧的、薄的、感觉舒适、恢复人性化的价值）
- 从化石和枯竭型能源消费社会转向自然和循环型能源社会（煤炭、石油 VS 太阳、地热、氢、酒精、生物质能源）
- 从消费型建设社会转向重复使用型修复社会（新建、改建、新建筑材料 VS 保全、修复的时代、设备管理、重复使用）
- 从大量废弃社会转向零排放社会（产业废弃物、填埋 VS 再利用、循环）

· 从高科技社会转向低科技社会（高技术崇拜的包装更换型 VS 应用人类智慧的修理、补充型）

· 从速度社会转向缓慢、悠闲生活的社会 [重视效率、GDP 神话、高速大量运送的喷气式飞机 VS 生态利用、船运输、电车铁道、轻松自在、富裕的乡村、一家年均 300 万日元的生活、不大不小的巷子、健康、可持续的生活方式、乐活（LOHAS）式的生活方式]

· 从直线型组织结构转向水平思考的社会（直线型组织结构、单年度主义（行政）、短年度任期 VS 开放的领域、领域的重复、长期责任、自己能做的事就自己做）

· 从全体主义转向自身主义，而今天则是转向地球环境主义（为了整体而牺牲个人、集体的利益、不知名组织的不负责任、任意排放污水等 VS 人类和自然界的和谐共存、为了个人、为了社会、为了地球）

伴随着近代化，使专业性产生分化，建立了把各种作用组合起来的专业直线型领导社会。但是，如果从环境的断面来看，应该指出对于其他领域的意识或责任感的淡漠。或者说，从微观上分析自然，只重视要点的纯粹化的科学思考所具有的片面性被指出了。我认为应该从宏观上，重新整理自然中杂乱无章的、混合一团的综合性和全体性。

2050 年的设想

作为 2050 年的问题被指出的，首先是人口问题（发展中国家的人口爆发性增长和粮食生产的有限性，发达国家的少育和老龄化）；其次是能源资源的枯竭，能源负荷的增大和因化石能源的消费产生的全球气候变暖等问题。在 IPCC（联合国政府间气候变化专门委员会）的 2007 年的第四次报告中描述过这样的设想：如果依然像现在这样不采取对策的话，温室气体的浓度在 2100 年将达到 800ppm，地球将毁灭；报告还指出，必须在 2050 年前将温室气体的浓度控制在 450 ~ 550ppm 的范围；并预测，如果及早采取措施，就能以较少的必要费用来实现。

在针对这些问题的研究方面，日本国立环境研究所于 2007 年发表了低碳社会的设想，滋贺县政府也发表了 2030 年前达到温室气体减排 50% 的计划。

日本国立环境研究所想以 8 种设想来表现 2050 年的摆脱全球气候变暖社会的模样，在经济成长保持在 1% ~ 2% 的情况下，达到温室气体减排 70% 的计划（图 1）。图像 A 是沿袭现代社会发展方式的“哆啦 A 梦的社会”，它利用先进技术将二氧化碳在地下深度埋藏，能源的供给则依靠核能的方式。设想中最具自然意向型的形象就是被称为“皋月和小梅的家”的生活方式，表现了分散型的能源供给和当地生产当地消费，以及珍惜物质型的重视共同体的计划（图 2）。这个设想说明：如果我们从现在开始马上采取对应的措施，就能以维持 GDP 在 1% ~ 2% 的少量代价而取得减排 70% 的成果。因此提高了我们努力的勇气。

2007 年 3 月，滋贺县的嘉田由纪子知事发表了有关 2030 年二氧化碳排放量削减 50% 的《滋贺计划书》。如果以地域为

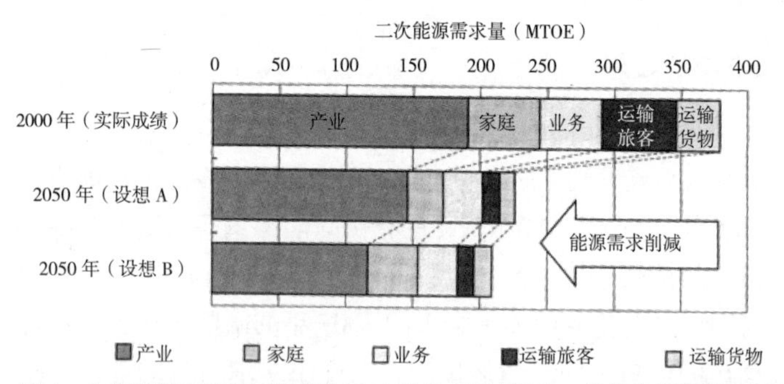

图 1　为达到温室效应气体减排 70% 的相应削减需求：供给方能源结构案例（摆脱温暖化 2050 计划）

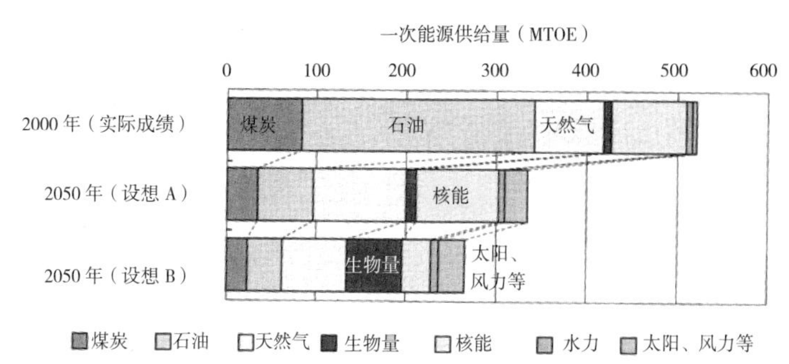

图 2　2050 年摆脱全球气候变暖社会的描写例（摆脱全球气候变暖 2050 计划）

图像 A：活力、哆啦 A 梦（日本动画片《机器猫》）时代的社会（高科技社会）	图像 B：悠闲、皋月和小梅（日本动画片《龙猫》中的两个人物）的家（与自然共存的生活）
城市型 / 重视个人	分散型 / 重视共同体
集中生产、循环利用 应用技术获得突破	当地生产当地消费、必需部分的生产和消费　珍惜物质
以更加便利而舒适的社会为目标	尊重社会、文化的价值
人均 GDP 增长率 2%/ 年	人均 GDP 增长率　1%/ 年

单位，完整地重新看待里面的全部内容，就可以发现其中的现实可能性。

环境建筑的新主题

在这样的时代背景中，日本建筑师协会环境行动委员会自 2003 年以来，就认为应该探索新的环境建筑模式，并举行了座谈会；在进行先端性研究和活跃的言论活动的研究者，以及面向新的时代、能够强烈感受到改革意识的实践者们之间进行了讨论。这种讨论和当时为环境工学和建筑设计者之间架设桥梁的座谈会（收录在《“环境建筑”导读》）的内容有所不同，它继续了部分的探索，现在看来这个方向没有错。

如果思考主题，可以列举许多：从预测现在至2050年的地球环境、世界人类社会结构变化，到全球气候变暖、资源枯竭、人口减少和老龄化问题、缩小的城市的再生、交通和运输系统、生活方式、住宅区再生、建筑和环境的综合化等。

本书根据6次的讲座记录编辑修改而成，并非把所有内容都网罗在内。以下介绍它的概要。

1　结合发展趋势重新构筑城市

1989年，当德国的柏林墙被推倒，取得统一之后，前民主德国和前联邦德国之间存在的各种差异就形成了问题。由于人口往西侧的移动，暴露出东侧各城市的人口减少问题，为了城市的再生，人们采取了包括以“减筑”这样的减少楼面面积的极其特殊的手法,开始了大胆的尝试。就像是与它呼应似的，在2006年的年初，针对日本的少子老龄化问题，东京大学的大野秀敏研究室也发表了“纤维城市”（FIBER CITY）方案。关于城市的提案最近非常少，这是自20世纪60年代到80年代为止的城市规划提案以来最令人振奋的消息。这其中，“怎样构筑2050年的萎缩了的城市模型”也成为主题。曾经与大野先生辩论过的萩原夏子女士，根据社会环境论的研究，以及在各地城市举行的市民参与型计划的实践，极力主张社区力量的重要性。

2　利用水系重新组建城市

阵内秀信先生认为未来的生态城市建设应当充满水的魅力。他提议：作为生态城市，根据东京的环境以及一大批长期为此付出努力的人们的看法，今天应该重建“21世纪的东京生态城市”，使20世纪中被汽车交通代表的“陆地时代”再一次呈现水和绿色组成的交通网络。今日的东京，大货车运输的方式代替了昔日关东的船运和铁路运输的做法，实际上在二氧化碳排放量方面对环境造成了很大的负荷，解决这个问题将成为今后庞大的研究课题。同时，我们也不要忘记其中还潜藏着与生物的共存、生物多样性的保全等课题。在这一点上，柴田泉先生的“使近江八幡堀再现勃勃生机的生态村计划”显得格外重要。

3 应该用农业来创造环境

比起经济高度成长期那种直到深夜依然灯火辉煌忙碌工作的生活方式，另一种思想正在取代它：期待着节奏缓慢、悠闲的生活，漫步在不大不小的巷子里，在大自然中为自家农园快乐地劳作，过着安静、舒适生活的人群正在涌现。这是生态村、朴门[①]文化（Permaculture）等生活方式；这里的人们把生活的基础建立在爱护地球、以人为本的考虑以及根据其目的来使用剩余的时间、金钱和物质这三个侧面的农村生活中。现在，对于这种与自然共存型快乐生活（乐活，LOHAS：Lifestyle of Health and Sustainability）的思考开始显示出其重大意义了。

在大学里研究朴门文化，并努力从事实践性教育的系长浩司先生，以及正在具体地对生态村进行计划和实践的中林由行先生，都在举行的辩论中，极力地主张影响带动周围人群的重要性，希望生态村不要停留在参加者们的自我满足中。今天，城市和城市近郊、地方城市、城乡交界处以及农村等各种地域的生活形态正在逐步发生变化。

---

① “Permaculture”是“Permanent”（永恒的）、“Agriculture”（农业）和“Culture”（文化）的合体缩写。在中国台湾，“Permaculture”曾被译为“永续栽培”或“朴门农艺”。但“Permaculture”是一套整合性的设计系统，不代表特定技术，更不只是有机种植技术的一种，因此“农艺”二字绝不足以代表其意义。“Permaculture”所代表的意义也并非“俭朴”或“简朴”之意。此处使用综合音译与意译的方式，即“朴门永续设计”。——译者注

4　采用绿色来塑造风景文化

三谷彻先生曾经质疑：即使建筑师提出绿化与自然共存之类的主题，而实际上有多少是根据自然的逻辑学呢？人类总是按照我们自己喜好的方式来建造绿色，这方面是否存在问题呢？单纯用植物覆盖建筑物的做法并不是为环境考虑，植物与土地应该怎样相互搭配非常重要。三谷先生与永田昌民先生围绕着自然再生和共存的哲学所进行的辩论，在今后的实践中将赋予我们许多的思考。为了有效地发挥永田先生提倡的"绿色的力量"，应该怎样修筑庭院和风景？怎样进一步用绿色使建筑和城市连成一体呢？人们正在探索中。

5　建造无热岛效应（大城市的气温比市郊高）的城市

城市的热岛对应策略对削减二氧化碳的排放量有很大贡献。在20世纪60年代的东京，气温超过30℃的时间是每年200小时左右，在1999年增加到2倍左右。加上全球的气候变暖，如果土地表面和比热容大的混凝土等暴露在外，就会储蓄热量，高温地区就会蔓延开来。如果室内打算采用机械方式来降温，由于室外机的热释放，热岛现象将进一步加速。

梅干野　晁先生和善养寺幸子女士指出：绿化作为解决这些问题的对应方法，如何有效发挥其作用呢？他们强调通过校园草地化、校舍前种植高大树木、阳台前栽种植物帘、屋顶绿化等方法，降低屋外温度的效果极佳。同时，他们还提出了方案，要把新宿御苑等绿地的边界像齿轮交错般和城市组为一体，将绿地产生的冷空气引入城市。

6　从居住入手建造环境

在日本的经济高度发展期间开发的卫星城镇，如多摩新城、高藏寺新城、千里新城等，随着居民的老龄化，逐渐暴露出地区社会存在的部分问题，“团地再生”的主题正成为重大的课题。野泽正光先生关于住宅区再生的研究所具有的重要历史性意义，以及持田昭子女士针对因高龄者及少育化而烦恼的家庭提出的援助系统，在今后的实践性过程中，无疑将在各个地区社会显示出多种多样的发展。

以牢牢地扎根大地的繁荣昌盛的城市为发展方向

中村先生主张的“环境立国战略”的内容为：以二氧化碳的排放量减半为目标，在全国征集 10 个示范城镇，建立环境理想城市，让每个城市各自拥有的魅力得到最大限度地发挥。首先是进行模拟实验，对已成为阻碍要因的旧观念、制度、法律、组织等社会系统，对其进行变革的工作也作为一个目的。提高每个人的环境意识，更要提高住宅和办公室的隔热性能，通过本地出产本地消费的方式，以建立小型紧凑的城市为目标。

应用对单个建筑物和住宅进行节能化处理的设计技术，有必要在实施中结合地区性的政策、义务和奖励。在这方面，环境教育也不可缺少。而且，每个人都应该拥有强烈的环保意识，因而去改变整个城市、企业等各种组织，这是非常重要的事。面对悲观的心态，也暴露了相反的社会问题。我们不能持乐观的态度，但是，抱着肯定的新价值观去建造新的社会是成功的最大秘诀。

勒·柯布西耶通过高层建筑使封闭的巴黎街道得到了解放，体现了洋溢着绿色和自然空气的“光辉城市”的形象。我们希望，建造一个牢牢地扎根大地、从地球上可以一眼望到遥远宇宙的、繁荣富足的“大地的城市”。

中村　勉（JIA环境行动委员会委员长/MONOTSUKUR大学特别客座教授）

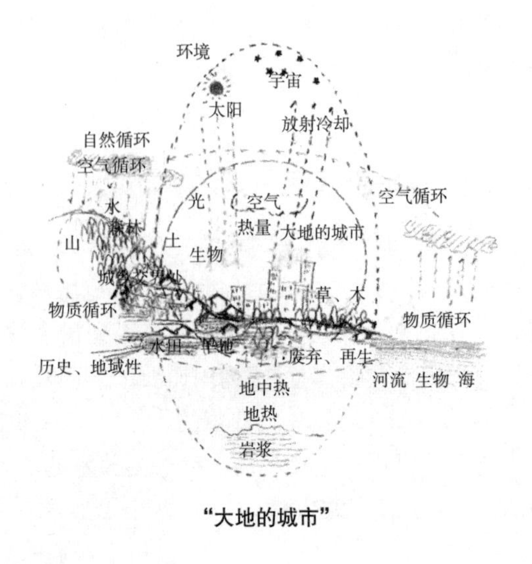

"大地的城市"

1

结合发展趋势重新构筑城市

纤维城市

设计缩小的方案

大野秀敏

由不断扩张的、持续成长的 20 世纪，进入以人口为代表的各个方面都呈缩小状态的 21 世纪，在世界的应有状态突然发生变化的时代环境中，面对否定历史的遗产并不断地将它破坏的现代建筑，我们要超越它，一边最大限度地有效利用它，一边把城市修复起来，这就是“纤维城市”的方向。它是通过建筑师的手实行的新“东京规划”。

21 世纪是缩小的时代

现在要开始以“缩小”为主题进行今后城市形象的提案了。城市的 20 世纪是扩张和成长的时代，我们对这一切都太习惯了。可是，21 世纪不能再期待成长，应该说是以逐步缩小为前提，所以必须要谨慎地设计它。

所谓建筑和土木、城市规划等计划对象的领域划分，不过是职业或政府部门的划分。如果从城市居住者的立场看待，它是一个相联系的空间。如果各方面没有形成期待的状态，作为环境整体也不会变好。即便只有建筑变好了，如果城市不变好，也得不到真正的满足。建筑师也好，城市规划师也好，都应该对环境整体负有责任。这是我的基本想法。

我的“东京规划”——纤维城市

很早以前我就想把东京重新作个规划。1960年，丹下健三先生发表了建筑师无人不知的“东京计划1960”的城市规划方案，当时，众多的建筑师和城市规划师竞相描绘了未来城市的形象。在那以后，建筑师和城市规划师发表城市整体未来形象的事几乎没有了。20世纪70年代以后，人们出自对于往日那种大规模地从上而下、犹如一张大网“啪”地盖下来似的、依靠权力的野蛮规划方式的反省，转向了依据周遭标准去构思的城镇建设方向，但是它缺乏整体的想象，给人以标准下降了的感觉。看看今天的状况，似乎只有开发商最努力地思考着整体规划的图像，例如森大厦公司就在制作整个港区地域的大型模型，可是东京都厅里却看不到这样的规划。但是，开发商基本上是把事业的短期收益性放在优先的地位考虑的，所以我认为，在非收益性基础上考虑大型的规划有它的意义，这就是我们在去年发表“纤维城市”这份规划的原因。

在这份规划中，我们设想了2050年的图像，它是个能够承担责任又能够大胆提案的未来形象。如果提出2100年的规划，因为今天在场的我们都看不到完成时的形象，所以是空口无凭。但是反过来，如果计划是10年后，时间上就太接近了，我们无法提出大胆的设想。若要恰如其分地划分出未来的阶段，那就是2050年。

缩小的人口

五六年前，我提出过一个称为“纤维城市”核心的构思。因为我是岐阜县出身，所以岐阜县的政府部门经常要求我提建议。岐阜县位于中京（名古屋市的别称）圈的边缘。由于名古屋市的吸管效应所产生的影响，虽然中京圈的人口在增加，但岐阜市的人口却始终维持在40万人左右，可以说最近还在不断地减少。因此，我和县政府的官员们一起探讨了岐阜市的经济再激活战略。在这个过程中，我发现人口问题是非常重要而且深刻的。几年前，我曾经作过计算，假定以当时的合计特殊出生率（根据人口指标，一位女性一生的生育数）1.33推算，到了公元3000年，日本人口有多少呢？答案是：只有80人左右。其后的出生率又降到了1.25。今年的出生率似乎有所恢复，但是，能够生育的年轻一代女性已经很少，所以缩小的基调不变（图1）。有人说：一旦全世界都变得富足，伴随老龄化的同时少子化将成为极大的趋势。因为在贫困的国家，人们就想生许多孩子来挣钱养家。当教育费提高，女性的意识提高，出现少子化将是巨大的潮流。现在，世界约三分之一的国家，人口维持水平的合计特殊出生率达不到2.0。拥有庞大人口的中国也因独生子女政策（2016年取消）正在形成少育社会，很快将面临人口减少的问题。如果从整个世界看，并非人口爆发的问题消失了。曾经令人担心的，世界人口将达到100亿的说法，最近也有人认为最高峰约为80亿了。到时，人口的萎缩就成了非常大的问题。

带来缩小的另一个原因是环境问题。

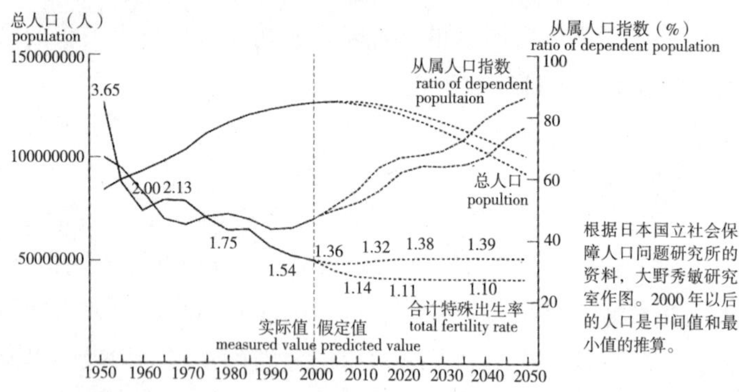

根据日本国立社会保障人口问题研究所的资料，大野秀敏研究室作图。2000年以后的人口是中间值和最小值的推算。

图1　日本的人口变动（1950~2050年）

各个发达国家的环境研究机构都要求在2050年前把二氧化碳的排放量减少50% ~ 80%。节能技术日新月异，但是，仅靠这些技术将很难达到这个排减量。所以，无论如何都必须控制生产和消耗的量。

第三点主要原因：以永远持续不断的成长为前提将会出现危险。只要看看日本以及其他发达国家的情况就一目了然了，在我们的实际生活中，物质已经多余到不需要的状态了。现在的产业为了让人购买那些不想要的东西而千辛万苦地想方设法。时尚是吸引人购物的手法。计算机的发展也同样，厂家经常更新产品，一点点地提高性能，不断地在你耳边嘀咕说：你的计算机已经过时啦……通过让消费者陷入欲望不满足的状态来唤起消费。

这样看来，在各种意义上，缩小的问题不是短期的问题，它将成为思考21世纪时的基调，我想大家能够明白这一点。

但是，人类自诞生以来，人口的增长不是停滞状态就是不断攀升，除此没有其他变化。在一段时期里，可能因瘟疫流行，或是发生了战争等各种各样的原因，使人口减少了，但基本上在增长中。地理上靠近未开发地的边远地区也渐渐消失了，世界上已没有扩张的余地。从地理上说，无论从哪个文明圈出发绕上一圈之后，就只有宇宙了。因此，我们预感缩小而不知所措的心情是真实的。缩小非常可怕，因此我们要想方设法地维持成长。

例如，日本官方的人口预测是根据日本国立社会保障人口问题研究所的国家形势调查得出的数字，2005年约是1亿2777万人，对于2050年的人口预测，至2006年一直都认为是1亿人左右。但是，实际上每次的乐观预测都遭到了批判。这个预测对于制定年金政策等的政府部门而言，各方面的影响都很大，所以从立场上说也存在着不得不这样预测的原因；而在2006年年末，终于进行了大幅度的向下修正，发表说约达到 9000 万人左右。老龄化率也从现在的 20% 多修改为 40% 多。这巨大的变化将在今后的 40 多年里发生。1 亿 2777 万人减去 9000 万人等于 3777 万人，这是比首都圈人口数目还大的数字。从北海道到北关东的人口是 2200 万人，也就是说，大约这个数字 2 倍的人口今后将消失。类似财政破产的夕张市那样的问题还会将在这 40 多年间发生。

由于大城市处于比较优越的地位，所以，根据现在的趋势推算的话，地方性的中小城市将会逐渐地消失。

社会状态彻底改变的高龄社会

在经济成长期间，明天一定比今天更加增长，所以说，无论公司的经营还是国家的管理应该都很轻松吧。如果说，现在的情况糟糕，但明年或许会好转吧？即使有些不满也能够忍受。可是，如果说明年将比今年减少更多，那么，围绕着今天所有的财富就会发生激烈的争斗。因为，一旦大家知道将来的财富不可能增加，就会在现在有的时候，哪怕是一点儿也想抓住。这种情况将在各方面形成巨大的问题。

接下来，如果高龄者人数达到人口的 40%，有投票权的人数中高龄者将超过半数。因此，提出对高龄者有利的立法、政策的政治家就容易当选，对年轻人将很不利。如果形成这种局面，老一代和年轻一代之间的矛盾就会加深。高龄社会中的社会状态将彻底改变。

到目前为止，社会上普遍存在退休的概念，所以，退休后悠闲地陪着孙子玩耍度日的生活形象得以成立。这就是说，肯定有赡养老人的下一代人存在。依靠领取退休金生活的高龄者如果增加了，支持这笔开支的人数就相对减少，当然退休金金额也将减少。于是，高龄者也不得不劳动的现象将是老龄社会的真实形象。也有人计算说：如果夫妻二人没有持续工作到约

77 岁，就无法维持现在的生活，因为高龄者人数将达到现在的 2 倍。今天，大多数人认为女性参加社会工作是女性的自我实现问题，而到了老龄社会，如果没有全体参加工作就不能维持家庭生活。今天的日本社会，只有丈夫一人从事工作的家庭都享受到抚养补助。现有的工资体系，保证了女性只要丈夫在某个公司工作就可以当个专业主妇，而到了老龄社会，这种体系将土崩瓦解，健康的人将不得不全体参加工作。围绕着减少的就业机会，这方面也将出现老少相争的局面。

环境问题在国际政治方面包含着南北问题。已经发展起来、希望维持现有生活的北半球各发达国家，和正在期待发展的南半球各国之间的再分配问题，也存在深刻的矛盾。在缩小的时代，它们之间将发生的各种各样的斗争是前所未有的严峻。已经不同于昨天那样的时代，因为“馅饼”将变小。对于从事城市规划或是建筑专业的我们来说，必须考虑很好地控制缩小。

不是否定现状而是恢复它的活力

20 世纪的城市规划的基本思想是推翻旧的做法或想法。就是说，把现有的一切全盘否定后，以新的想法来置换它。

具有代表性的是柯布西耶的“伏瓦生规划”（Plan Voisin）（图 2）。照片上是巴黎城市中心的模型，右下方的小岛是西德岛，那里有卢浮宫博物馆。那上面的超高层大楼群就是柯布西耶提出的方案。作为“光辉城市”，1922 年提出模型，1925 年应用于巴黎市区。主要就是将巴黎的旧街道毁掉重建的想法。

1960 年丹下健三先生提出的“东京规划 1960”（图 3），不破坏原有市区的形象，把自己的想法描绘在海面等空地皮上。否定现状的同时提示理想形状的做法是现代主义的基本态度，也体现了我们作为现代人的习性。

图 2　伏瓦生规划（柯布西耶 1925 年）

图 4　长约 4m 的“纤维城市东京”的方块模型

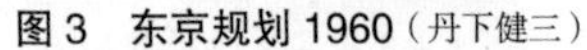

图 3　东京规划 1960（丹下健三）

我们应该摒弃这样的思考方式，去有效地利用现有状况下的条件。下面的图是我们描绘的 2050 年的东京（图 4）。

这个方案由四个城市战略部分构成。即：郊区的重组、提高木建筑密集地区的防灾性能、确保城市中心的防灾性能，以及名胜古迹的修复等（图 5）。

绿色手指 /Green Finger 郊区的重组	绿色屏障 /Green Partition 加强木建筑密集地区的防灾性能和环境改善	绿色网络 /Green Web 加强城市中心的防灾性能和环境改善	都市皱纹 /Urban Wrinkle 修建新名胜

图 5　纤维城市的四个战略

沿着铁路车站以 800m 的间距重组郊区

进入老龄化社会后人人都必须工作，有关郊区的重组方面，设想了那个时代里的郊区面貌，计划将居住区域都安排在以铁路的车站为圆心、半径 800m 的能够步行的范围内，其他地方全部用作绿地。这个城市重组战略被称为“绿色手指”（图 6）。

因为人口在减少，所以其中会有空地出现。大家期待着人口减少时住宅用地会增加，但这事不可能。自家的宅基地要想扩大成两倍，必须邻居刚巧都迁离成了空地，能够拼成方块时才行。还有的时候，当邻家刚好成为空地时，自己却没有能力购买。因此，空地虽然出现了，宅基地却依然狭窄，这种形象是郊区的未来模样。就像远郊那样，在乘坐铁路支线或公交车的住宅区域，如同牙齿一颗颗脱落一般，看到空地不断增加。居住的人口一减少，铁路和公交车的运行就难以维持下去，商店也减少了。这么一来，生活就更加不便，地价也会下降。其结果，就只有社会的弱者被抛弃在那里。

以欧美的城市而论，城市的中心拥有历史，生活便利且具有多样性，可是地方狭小不自由；郊区虽然说行动必须依

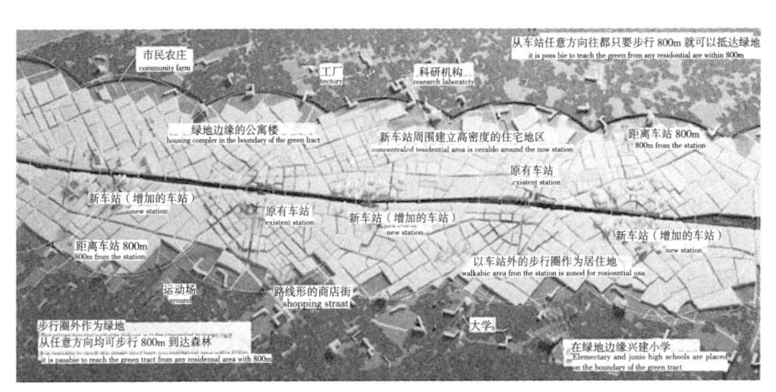

把步行圈以外作为绿地。从任意方向往森林都只要步行 800m 可以到达。

图 6　以埼玉县南部为基础设想的“绿色手指”为例

赖车辆，但是宽敞舒适，就这样，不少的城市中心和郊外形成了交换关系。从日本来看，即使到郊外去，居住的空间依然狭小。地方城市新建的商品住宅也仿效大城市的标准而造，空间大不了多少。触手可及的地方就有邻家的房子，居住环境没有多大的不同。也可以说，关于郊外的理想生活，在19世纪的英国人文化圈里能够成立，在日本却不能实现。

我使用"袖珍城市"这个词，想说明它是凝聚在一起的，同时又是很小的、亲密的、流动的形象。2050年的社会是人人工作的社会，流动的重要性将前所未有地受到重视。"绿色手指"是建设具备流动性的袖珍城市群的战略。这是以铁路将730个袖珍城市连接起来的提案（图8）。

我手上拿的是东京的地铁京王井头线线路图。车站与车站的间隔距离只有800m左右，几乎看得见相邻的车站。在人们的想象中，像JR中央线那样，有车站广场，有多条公交车起点站，有出租车停车场的车站才是现代化的好车站。可是，以井头线来说，车站广场也小，公交车站也不能满足使用，因此，如果用以往的标准衡量，它是不合格的车站。但是，结果有80%～90%左右的乘客下车后采取了徒步回家的方式，非常有益于环境的保护，而车站前的商店街也因此得到了繁荣的发展。如果东京都内全部采用井头线的做法，车站间距离长的地方就增加站点，通过这种方式，就能够增加车站周围徒步圈内的住宅用地。离车站800m以外的地方就作为绿地，把中小学校设置在住宅区和绿地的交界位置，从任何场所走出800m都将到达绿地。绿地不像公园那样耗费纳税人的金钱，它还可以满足大学和工厂等单位所需的绿地，也可以作为农田或是市民农庄的使用，在某些地方，也可能是放置不管的绿地，也就是森林。

如果把东京都内的商店街用图标示出来（图8），可以看到许多商店街和铁路形成十字交叉的形状，这是日本的大城

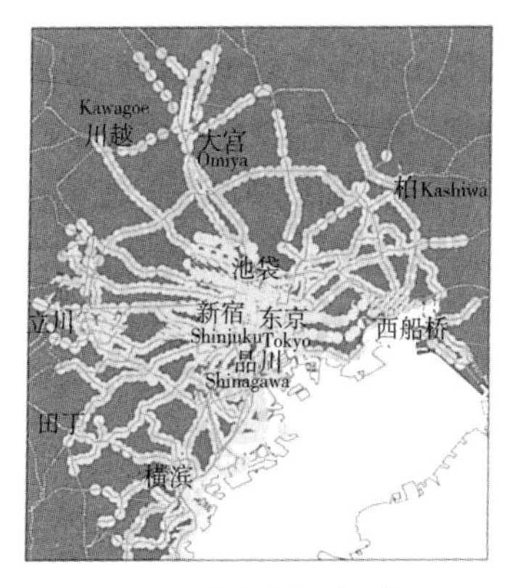

730 个的袖珍城市依靠铁路联成网络

图 7　根据“绿色手指”的构想形成的首都圈街道模式

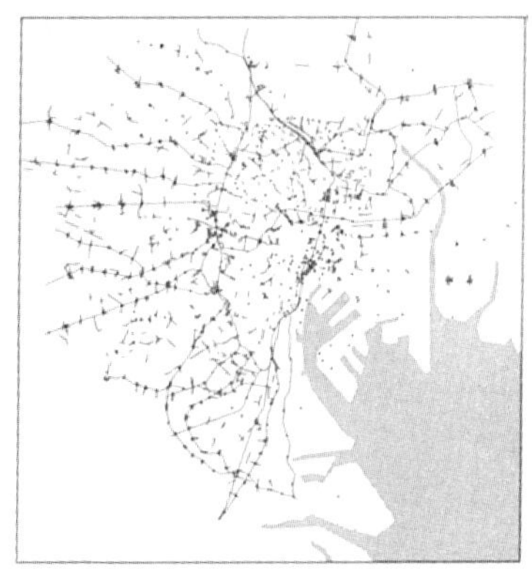

车站前的商店街与各站的铁道线以正交形式排列。铁道和商店街形成十字交叉

图 8　东京圈的郊外地区结构的交叉点

市具有的特殊个性。如果到海外其他国家，经常可以看到一些车站的周围冷冷清清什么也没有，其原因在于这些国家的铁路没有成为生活的中心，而日本的情况则是在铁路发达的地区，铁路和商店是联成一体的。

关于这个计划的实现方法，有以下的构想：大体上，日本的建筑每 35 年左右翻新一次，今后这种做法是否持续我们不知道，但是，在重建的时候应该灵活应用税制进行指导。作为“袖珍城市”的基本魅力之一，就是以低廉的成本实行城市经营。居住在徒步圈内的人群可以享受城市经营的成本削减部分的返还利益；相反的，如果是在绿地区域内的居住者，使用的煤气、电费以及地方税等就要高于标准费用。

要想知道住宅地的半径 800m 有多长（图 9），大约就是从表参道到明治神宫前的路程，或约从洛克菲勒中心走到中央公园，或约是田园调布到多摩川的路程，距离没有多远。也就是说，以这样的大约数作为一种公用尺度。

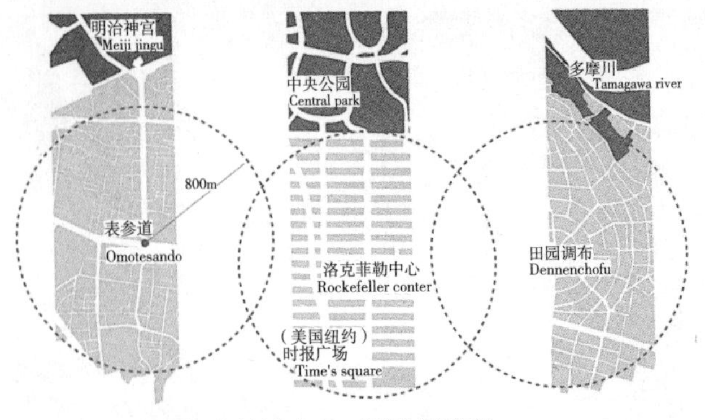

位于从车站徒步 800m 距离的绿地案例

图 9　800m 徒步圈的尺度比较

把空地连起来，建立防止火灾蔓延的绿化带

第二个战略是加强木结构建筑密集地区的防火性和环境改善，称为“绿色屏障”（图 10）。发生地震的时候，东京最危险的地区集中在环状六号线到环状七号线之间，通常被称为木结构的低级公寓地带。在第二次世界大战前那里是郊区，地基软弱再加上被分成了零碎的小块宅基地。到目前为止的想法，也就是修建城市规划道路以增加空地，把建筑用地共同化，建造集合住宅等方式。但是，即使在东京都内修建城市规划道路，也要花费十年的时间。说到建筑用地的集合化，考虑到将来下一代子

图 10　“绿色屏障”利用林带分割灾害危险地域

女的继承问题，资产处理也将出现困难，所以不受欢迎。结果，环境改善至今毫无进展而地震的可能性却一步步迫在眉睫了。理想再好不能实现就没有意义。而且，现在的土地征用系统不完善，当道路扩大后地价上升了，可是当初卖了地的人没有得到这方面的利益，因为卖地的时候地价尚处低价位状态，所以卖地人觉得吃亏而牢骚满腹，同时建设费用又不断上涨。

我们进行研究后，打算把人口密集的街道区域里自然产生的空地连起来，形成防火的绿化带。一旦绿地增加，土地的价值就提升了，既提高了防灾能力，又改善了环境。住宅地的面积虽然减少了，但地价随之上升，有助于房地产业的发展。

通过火灾的模拟试验（图 11）我们看到：当左侧没有任何阻碍时，燃烧的范围蔓延开来；另一方面，有了林带形成的防火墙，火势的蔓延受到了阻挡。这种想法不是以根治为目标，而是为了防止灾情恶化。

这是采用“蒙太奇”手法把东京和山谷景观组合起来的一张照片（图 12）。如果考虑到防火功能，这里还必须更大量

以上表示“绿色屏障”战略的防止火势蔓延效果。使用的是建立防灾街道的支持系统（建立防灾街道的支援普及委员会 http ：//www. bousai－pss. jp，加藤孝明提供）

图 11　用电脑模拟的火势蔓延试验

如果在密集的街道区域里形成拥有住宅地单位面积的绿地，不光具有防灾效果，也能够改善居住环境。

图 12 “绿色屏障”边沿的住宅地

种植常绿的阔叶树，但总而言之，这张照片完全可以使人体会到密集的街道环境一下子得到改善的感觉。无论是前面提到的，郊外称之为“绿色手指”的战略也好，还是城里这个名为“绿色屏障”的战略也好，都说明绿化的利用是极大的课题。这是与文化有关的问题。把德国人和日本人作个比较后的结果表明：两国对于森林的具体印象完全不同，据说日本人非常观念化。我曾在冬天访问过德国，看到一对年迈的夫妇，裹着厚厚的衣服在气温零下 10℃的、几乎只有枯枝残叶的公园里散步,这个情景实在令我吃惊不小。我感到他们“喜爱森林”是到了如此彻底的地步。为了建造绿色的城市，倘若缺乏维持绿色文化的根基就办不到。听说江户时代的日本人相当喜欢绿色，那时的城市风光堪称“庭园城市”。现代的日本是否有支撑绿色文化的根基，是推进这个工作时的课题。

其次是通过什么样的方式来实现“绿色屏障”的问题。可以考虑两种方法。一种是建立城市建设公司，当地的土地所有者将自己的宅基地作为实物投资，原则上要求全体投资，这是把宅基地证券化的做法。城市建设公司把空地改造成绿地，这么一来地价就上升了，可以得到高效益。搬迁到这个圈外的人也能获得同样的效益，这是能够刺激城镇发展的一种动力。这种方式必须经过一段时间才能获得收益，所以需要国家的扶持以承担贷款利息等。第二种方法，就是将密集的街道区域里剩余的容积率转卖给城市中心区域，以容积率的出售款来补充经营资金的不足。虽然，城市是以某种程度的扩张为前提的，但这是比较现实的方法。

把首都高速公路变成空中的线状公园

第三个战略是建立“绿色网络”（图 13），就是提高首都中心的防灾功能和改善环境。有这么一个问题：当首都中心在白天遭遇地震袭击时该怎么办？在东京都内的铁路干线上贴有这样的标语：“这条线路在大地震发生时禁止车辆通行”。那么，当列车实际运行中遇到地震该往哪里去呢？一旦大地震在白天发生，建筑物将会倒塌，交通阻塞将出现，火灾也可能发生，列车将无法前进，还有人因为担心家人安危而中途下车。在这种情况下，救援队伍应该如何前往受灾地区？对此我们尚缺乏基本的策略，也许只有利用直升机进行空运这一条路吧。以东京而论，因为具备首都的中心功能及国政功能，不太可能长时间弃置不顾。为了回避这样的危险，自然产生过将首都功能转移之类的议论，但是，由于泡沫经济崩溃导

首都高速公路作为灾害时的紧急救援道路，平时作为绿化道，成为空中的线状公园

图 13 “绿色网络”

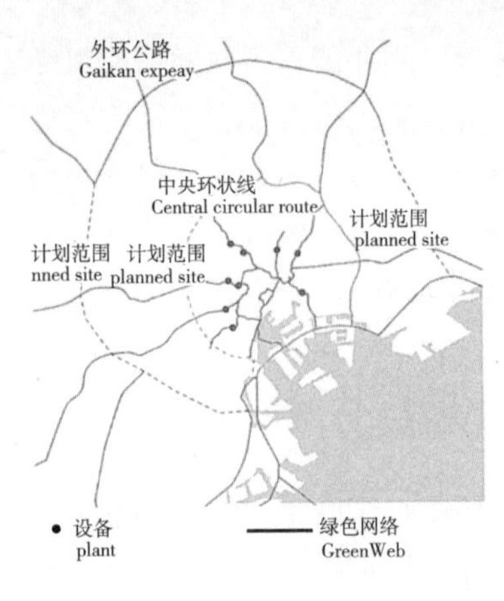

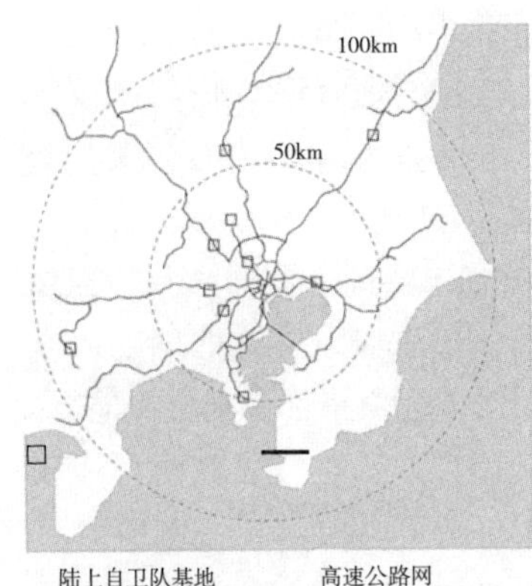

在中央环状线完工的前提下，将内侧的首都高速公路改变作为紧急救援道路，作为从自卫队驻扎地往首都中心的救援队的选择通道。绿化道也适用于地区冷暖气系统的管道铺设。

图 14 区域上的“绿色网络”位置

致的地价下降，转眼间此事就被人们忘到九霄云外去了。“绿色网络”所指的就是将首都高速公路建设成为灾害救援的道路。为了建设首都高速的中央环状线，现在的环状六号线下面正在挖掘隧道。一旦通车，大量的交通就可以直接从地下穿行而不必绕道首都中心了（图 14）。就是说，首都中心部分的首都高速公路的功能将全部被放弃。在阪神、淡路大地震之后，首都高速公路曾实施过加固工程。今后我们可以将它改造为灾害时的紧急救援通道，路旁栽种花草树木，平时就成为绿树满荫的空中线状公园。韩国首尔的清溪川原是条臭水沟，周围是破烂的棚户区，几经改造后成了有名的风景区，现在大家都去那里观光，而我们这个空中的线状绿地公园也将成为日本的城市观光胜地吧。陆上自卫队的驻扎地就位于高速公路网的旁边，灾害发生时可以通过首都高速公路奔赴救援地点。

驱车来到首都高速公路上，你可以清楚地看到整个东京的景色，令人心旷神怡。你看不到那些乱七八糟的东西，只体会着天地的广阔。现在只有开车的人能够享受如此美景，不过，当首都高速实现了步行街化，广大市民就可以同享这美丽的景观了（图15）。首都高速从地下通过的部分，其上方的护城河畔的地面可以改造成为绿化道。皇居护城河畔的风景，据说在首都内也堪称一级的名胜地。然而，实际上那只是护城河畔河道通过的狭窄的人行道。它的旁边是六道车线并行的内护城河大道，不是个好环境。因此，如果只留下两道车线用于地区服务，其余地表面的交通都转入地下通行，就可以在地面上建立宽阔的绿化道（图16）。

从首都高速公路望去，城市的景色非常美丽，应当向众多的人开放

图15　形成人们活动空间的首都高速公路（隅田川沿线）

“绿色网络”的另一个提案是利用首都高速的高架结构提供地区冷暖气。作为环境改善的一种手段，能源的地区运作是证实有效的。然而，由于实际应用中必须将管道安装在地下，所以很难适用于现有的城市街道，地区冷暖气只在西新宿和六本木之类大型的再开发地区得到实现。如果首都高速失去交通功能，只要把冷暖气管道铺设在上面就可以使用，花费的成本很低（图17）。并且，在高架结构下面再安装上设备的话，简直可以称为组合式城市。

如果把主要行车路线转入地下，地面上就能建立宽阔的绿化道

图16　护城河畔成为宽阔的绿化道

建在空中的线状公园面积将是新宿御苑的2倍大小。如果首都高速沿途的建筑物也都像首都高速一样开辟出空中的公用空地，就可以在距地面14 ~ 15m左右的空中建立新的步行空间（图18）。

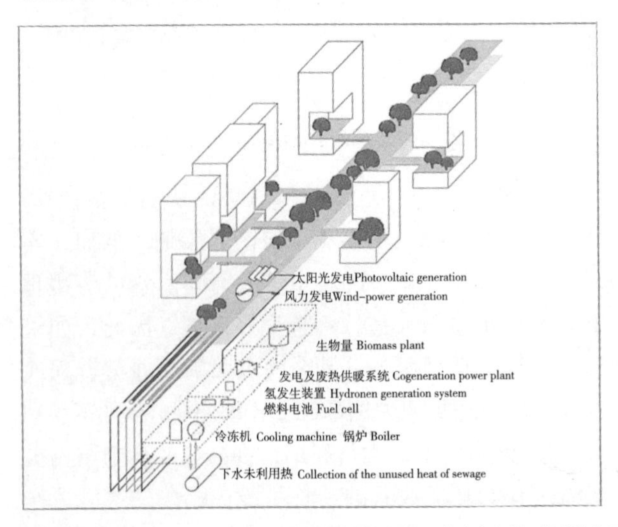

首都高速公路被绿化之后，如果在它下面安装热源设备，就会产生新一代型的地区冷暖气网络

图17 活用了“绿色网络”的环境系统

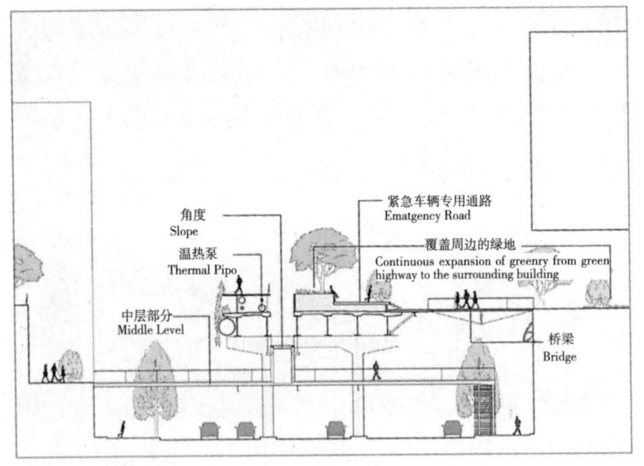

图18 伴随首都高速公路的改变而产生联动的立体城市形成

把新宿御苑的边界变得蜿蜒曲折，建立新的风景名胜

最后的战略是建造名胜。称之为“城市皱纹”（图 19）。一提到名胜，我们的脑海里马上就会浮现出主题公园的形象，但实际上主题公园与名胜是完全不同的概念。基本上说，主题公园是唤起消费欲望的装置，到了那种地方，舞台式的布景会令人产生一种消费空间主人公的感受。东京是个居住着三千万人口的世界一流的城市地区，如果变成了单纯以经济为标准来权衡一切的城市，那将是怎样的情景呢？所以，我们要建立一个富有魅力的公共空间，而不是采用唤起消费欲望装置的形式，它是这个战略的目的。

纤维城市可以从线上思考。所谓从线上思考，也就是考虑边界的问题。以新宿御苑为例来说吧（图 20）。正如大家所

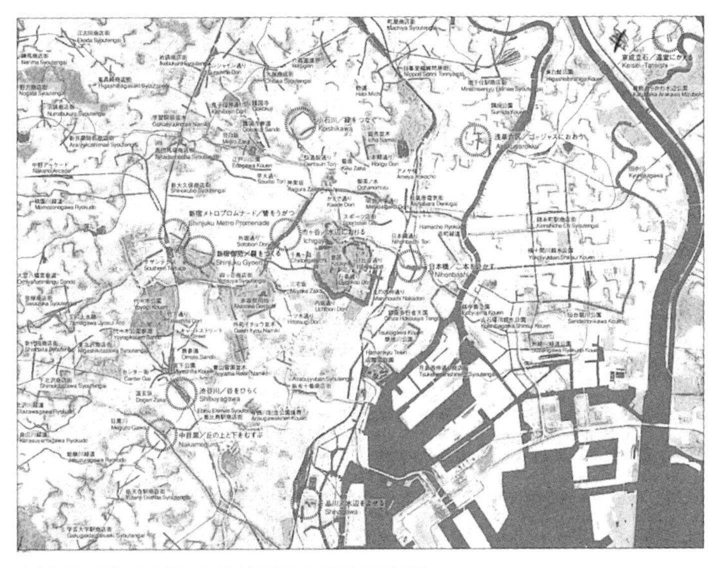

东京都中心的景点地图。在原有的景点上又添加新的名胜

图 19 “城市皱纹”

如果按同样的面积把新宿御苑的边界变得蜿蜒曲折，被遮挡在街道后面的御苑景色就能出现在大路旁，城市的活动将隐入公园内部融为一体。

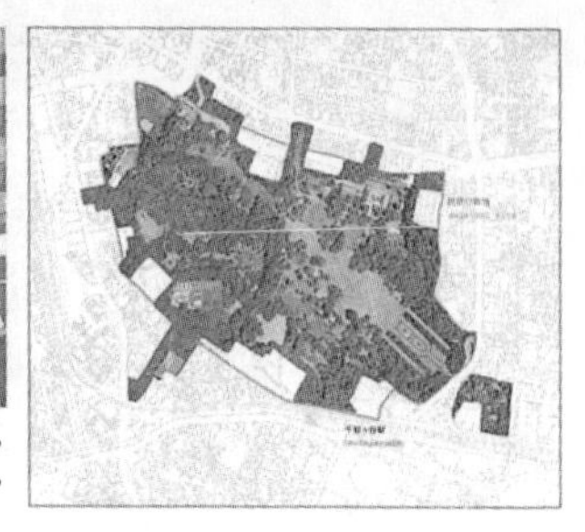

图 20　在新宿御苑里制造曲折的景点

知道的那样，从新宿大街看不到新宿御苑，它位于新宿的角落里。我们可以保持它原有的面积，只要将御苑的边界改造得蜿蜒曲折，就能在新宿的中央大街上看到新宿御苑的景观。既可以在城市里对新宿御苑这块绿地的存在安排相应的位置，又因为边界变长了，作为公园周边的住宅地增加了，从经营角度考虑也完全成立。

不是从面上而是从线上考虑，把小的部分连接起来组成整体

最后做个总结：21 世纪是以缩小为基调的时代。我们面对环境问题、过度生产和过剩消费的界限、人口问题……各种问题，必须以“缩小”为前提进行思考。由于我们过分习惯了膨胀的方式，因此在面对问题的时候，采取的策略依然要想方设法地使它膨胀。应该说，在 21 世纪，归根结底那是无用的挣扎。那么，究竟该怎么办呢？在城市规划方面，这个纤维城市的想法就是一种回答，不过因为没有钱，不能像过去那样进行大开发。如果说，我们不从面上而是从线上进行开发，不是可以吗？可以把面积小的部分连接起来形成巨大的整体，以这样的战略来对应。我们要接受现有的东西，不单在城市规划方面，还要接受一切与文化有关的东西，要改变明治以来对日本

影响深远的、从思想上否定现有事物的态度。第二次世界大战之后，居然还有人提出了要取消日本文字改用罗马文字的想法。

明治维新以来，至今已有150余年，若问第二次世界大战前的日本城市风景是什么样？住宅是日本式而公共建筑是西洋式，这种混合性是我们文化的一部分。不过，如果越过明治以来的近代化过程，一提到“美丽的日本”的地域性，马上就会想到近代的形象了。首先，我们要接受自己的现状。日本的风景确实很不伦不类，并且杂乱无章，但是我们必须接受这个现状。而且，因为现在已经没有钱，一旦破坏了现状，后面就无法建造。所以说，现在我们应该采取的态度就是接受现有的状况，将其综合地利用起来。

所谓的老龄社会，其实并不是隐居者的社会，而是相当活跃的社会。我们要利用网络来思考这个社会，要重视其流动的问题。我们采用的不是事先确定型的方法，不是把一切都决定后再根据决定按部就班地执行，而是根据状况变化能够灵活地修正；就像前面提到的采用绿色屏障的方法，一旦有了空地就依次把它连接形成绿化带，这样的方法不是更加合适吗？

把已知的要素组合起来进行新的建造

带状的空间因接触面积多而效果显著。我们在把带状的要素导入城市内部的同时，要改造它的街道。其做法不像过去那样，不是重建整个地区，也不是部分性的、针对某一点的改变，而是成带状地介入改造。对照现代化城市和纤维城市，我们试以图示作出说明（图21）。是计划体制还是系统特性，是边界的功能性还是系统的结构形象呢？对于设计战略我们进行了比较。

例如，关于系统的形象，现代化城市是以机器作为形象。正如柯布西耶的“住宅是提供居所的机器”所代表的那样，经常以机器的形象出现。丹下健三先生所展示的1960年规划，

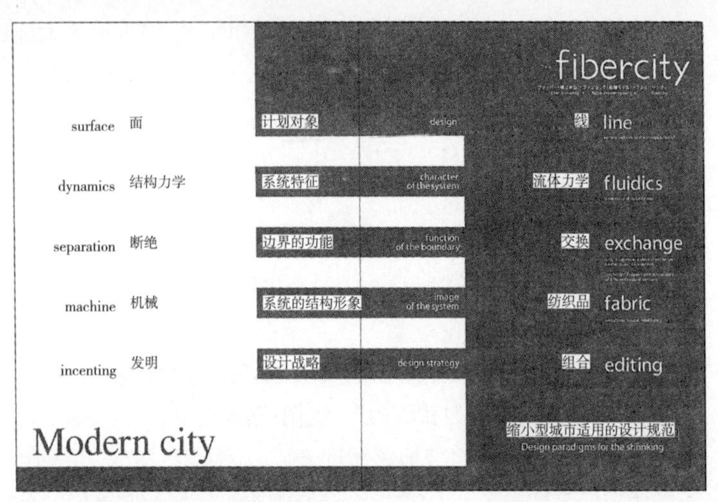

图 21　现代化城市和纤维城市的对比

看上去也像一个制作精巧的机器。另一方面，我们的提案就像“纤维”这个词汇表示的那样，以布为形象。即使布的一部分裂开了,也不会全部毁坏。最近流行的一个词叫“强韧性”，就是系统的强韧性。机器看上去是精巧而坚实的物体，但是，只要什么地方坏了一个部件就不能用了。这种现象称为“多余度（冗长性）低”。如同因特网和主机型计算机的不同，虽然纤维在整体上是松散不严谨的，但是，在各种各样的状况下能够柔软地应对正是纤维的结构形象。

现代主义的思想在设计战略方面也期待有发明性的内容。建筑师经常从内心深处产生出一种急切地希望创新的冲动。最近有一些喜爱建筑的年轻人正引起人们的注目，例如“R 不动产”的马场先生、“城市设计系统”的梶原先生等，他们正在尝试着从事某种组合工作，将已经建成的建筑物组合起来，其组合方法在创造性方面有些特点。我认为，这些思想对于建筑改革等方面都是十分必要的，如果将这些想法推广到整个城市建设，或是用于指导建筑的基本创作态度，将是很好的事。

由市民设计的地区社会

萩原 NATSU 子

●引言

我对于环境问题和市民活动，以及今天要向大家介绍的非营利组织很感兴趣，今天的演讲就从我调查和研究这些问题，并且自己也投入行动的起因开始说起。

在“第二次世界大战已经结束”的 1956 年，我出生于山梨县石和町（2004 年 10 月因市町村合并而更名为“笛吹市石和町”）。现在，石和町是观光地区，尤其因温泉街而著名。但是，在我上小学的时候，这里还保留着自给自足的生活，附近一带的农田、菜园和果园无垠无边。当我上初中的时候，穿越葡萄园的公路修建起来了，随即这个地区的面貌发生了巨大变化。今天回想起来觉得：当“小路变成大道”时，城市的模样就改变了，人与自然之间的关系、人的生活方式也就都发生了变化。

道路的沿线有许多大型商店开业了，街道上建起了超市，店里陈列着琳琅满目的新商品，消费文化也不断地汹涌而入。与这一切事物的交换中，当我们发现失去的是那么多的时候，已是更后面的事了，但物质丰盛程度的增加确实是毋庸置疑的事实。恐怕在 20 世纪 60 年代的高度经济成长时代，同样的现象在列岛各地都曾经发生过吧？我还记得：在当时的电视新闻里，曾数日连续地播放着有关水俣病、镉中毒的疼痛病、四日市的大气污染等关于公害的报道。我一边注视着画面中的公害患者那悲惨的模样和街道的情景，一边在想：问题出在哪里？如果再不想方设法，后果恐怕不堪设想。我清楚记得当时内心的恐惧和不安。不过，在那个时代里，环境问题这个词还不常见。此外，也因为公害问题的加害和被害的关系容易理解，所以认为环境问题无关自身痛痒，只是把它作为特定地区的问题来看待。

●和城市农耕者们的相识

但是，1975年为了上大学，我来到了东京，马上就面临了切身相关的城市环境的问题。难喝的自来水令我苦不堪言，蔬菜和水果也同样不合口。对于喝惯井水，吃惯地头蔬菜、枝头果子的我而言，店里的柜台上摆放着的食物，无论哪样都与我自己认为的新鲜度、真品的标准相差太远了。于是，我来到东京不久就病倒了。当我思念“家乡的自然”的同时，也痛切地感受到水和食物的重要性，所以选择了环境问题和作为思考的生态学专业开始学习。对于当时刚刚开始的有机农业运动，以及关心食物安全的母亲们为中心的市民活动，我也开始留心了。

20世纪80年代中期，在东京都日野市，有一部分人建立了“愚人农耕团”，提出了：“城里人自己吃的食物自己生产”的生活目标，根据有机农作物耕种法，为达到食物自给自足而共同耕作，我有幸认识了他们。在很难获得农地的城市里，他们的决心吸引了我，在研究生时代我参加了他们的活动。他们一直坚持这项活动，直到20世纪90年代中期，在日野市周边的农地一块块地变成了住宅地，土地的租用十分困难后才停止了。

当时的“愚人农耕团”代表明峰哲夫先生，曾经向大家阐述过有关城市未来农业的理想远景。虽然他的话稍微有点长,但是和这次“结合发展趋势重新构筑城市”的主题很贴切，所以我在下面作个介绍。

内容是：“当我们思考城市的未来农业的时候，应该提倡的不是‘配合’城市的、以漂亮的‘农业’为形象的东西，我们应该倡导的正是原来的粘满汗水和泥土的农业。因为无疑的，对于被困在‘最佳环境’里，身心疲惫万分的人们来说，只有这样的农业才能给予他们生存的开放感。我们不能把农业的未来寄托在极少数先进的农户和企业在高楼大厦间利用高新技术搞的‘植物工厂’等事物上。和这些成为对照的农业形象，正是包括市民在内的，广大群众人人都能心情舒畅地和大地交流的自给自足的农业，我们必须找出它的生路。正因为东京是个人造空间化发展到极点的巨大城市，所以存在农业回归其原点的可能性和必然性。我想强调的是，今天的东京不是‘农业也…’，而是‘正是农业…’这种进攻性的形象很有必要。因此，在东京正是需要倡导农业。”（明峰哲夫“《愚人农耕团》和NATSU子的故事”《往那里去！YABO——儿童与生态学》萩原NATSU子著、RECYCLE文化社，1990:186 ~ 187）。

●由市民设计居住地区的方法

“愚人农耕团”是最早促使我投入调查和研究日本各地市民活动的团体。在那以后，当我担任业余节目主持人，负责主持丰田财团举办的“市民研究演讲竞赛——关注身边的环境”（1979 ~ 1997年）的节目时，“愚人农耕团”又是我第三回的后援团队。这个节目在1979年以“身边的环境”为主题开始举行，目的是为了支持生活中常见的、人与地区密切相关的日常的研究活动。因参与这个节目，我得到了丰富的资料，硕士论文和博士论文也都得以完成了。在节目举办期间，主办方曾提出为市民组织的调查、研究活动提供赞助费的倡议，这是划时代的事物，为后来的“市民活动”这个用词在社会上频繁地使用创造了契机。附带说一下，策划这个节目的是当时丰田财团的节目主持人——山冈义典先生（现任法政大学教授、日本 NPO 中心副代表理事），山冈义典先生为了 1998 年实施的“特定非营利活动促进法 =NPO 法”的成立而殚精竭虑地付出了很多努力。

为什么要开发节目促进市民的研究活动呢？因为策划者希望在理论和行动的相互影响之下，促进地方上的市民参与环境活动。虽然，对于目前深刻的环境问题形成社会问题化的现场进行研究也很重要，但是，把焦点对准人们的生活和环境的关系，在那个环境里生活的人在日常生活中如何与环境共存？把这个“环境共存”的研究通过市民的手来推进是一件很有意义的事。我曾经提问 :“为什么以‘关注身边的环境’为主题？”山冈先生的回答是 :“希望建立以市民为主体的关注地区环境的监控系统。”也就是说，为了促进市民在本地区里开展长期的、持续性的活动，根据事先的调查研究，发现地区社会存在的问题或课题，以及其价值的做法非常重要；因为行动需要理论，即研究、了解事物是必要的，为了达到目的，冷静地观察、不停地关注非常重要。它的结果将形成长期的行动力量，成为变革社会，使地区恢复活力的力量。当然，不论“地区”是人口稀少还是人口密集的大城市都没有关系。我在 2001 年 4 月至 2003 年 3 月期间，应当时的宫城县知事浅野史郎的邀请，出任环境生活部次长，参与了县政府的部分工作，期间，我和年轻的县政府职员提出了“建立食品培育之乡”的计划，和北上町地方政府（现因合并改名石卷市北上町）共同实施了这项计划。北上町有山、有河、也有海，我马上体会到“这里是个好地方，没有钱也能活下去”，而当地的居民们却不太意识到。于是，我们先对一年里北上町能够收获的全部农作物和水产种类进行了调查，发现种类超过了 300 个。当地的居民们因此了解了北上町地区物产的丰富程度,开始重新看待自己的家乡。这里附带提一下，两年的时间里，不仅宫城县，我还把东北地区所有的县都转了一圈，对于当时东北食物的丰盛，自然与文化的丰富多彩，以及地区的实力有了真切的感受。当工作结束返回东京的临行前，北上町的妇女们叮嘱我说："如果没饭吃了，请随时回来。"我觉得这句话似乎象征了一切。

●共同建设"新型的公共服务"

地区建设的关键，是依靠众人自发的行动，它与 NPP（乐于奉献者）、NPG（乐于奉献者的群体），以及 NPO（乐于奉献者聚集起来，进行持续性活动的非营利组织）在一个地区里存在的人员数量有关系。对于 NPO 来说，特定非营利活动促进法实施以后，作为改造社会的中坚力量，受到各方面的期待，正在实际中成为担当重要角色的存在。作为其社会背景之一，我想提一下 1999 年实施的地方分权统一法。

根据地方分权法，地方自治体在自己的责任和判断方面，允许依据地区的特性和市民的需求，实行市民参加的"富有个性的地区社会的建设"。但是，单独由行政实施的公共服务方面，则难以适应多样化的地区社会的需求了。并且，一直是地区中坚力量之中心的乡土组织，也存在着组织率下降和老龄化等大课题，地区的相互扶助作用整体下降了。在这样的状况之下，对于从事研究地区里存在的各种各样课题的企业而言，诸如有关老龄者福利、少子化问题、商业街活性化、环境问题等研究方面，各个地区主体互相协助提供公共的服务，朝着致力于发现和解决地区社会各种课题的"新型的公共服务"方面转变和协作是不可缺少的。为了达到目的，市民、NPO、企业、行政都发挥各自的特点，作为对等的伙伴相互协助，通过市民参加和协作来实行地区建设就成为关键。

座谈会

2050 年社会状况的设想

中村　勉（主持人） 我想向二位请教。请再谈谈对于 2050 年的日本社会状况的设想。

大野先生认为那时候的人口将缩小到 9000 万人左右，是现在的 3/4，老龄化率将近现在的两倍，达到人口的 1/3，您是根据这样的社会状况构思了纤维城市的规划吗？

大野秀敏 我想谈一谈和您的问题有关的，成为构思纤维城市起点的“郊外化”问题。

我认为，今后无论在环境方面还是社会方面，问题有可能大量出现在郊外。而现在世界上的城市都拥有郊外。这是超越理论问题的文化问题。例如：铺着草坪的院子就是牧草地的风景被导入庭院的事例。本来需要寒冷的气候才能形成的景观，在 20 世纪随着运动的发展而遍及全世界。日本的草坪也是在大正时代被引进的。如今连生活在沙漠气候中的阿拉伯的有钱人也希望拥有草坪。文化就是这样的东西，它超越了合理性。

城市的郊外化发生在产业革命之后。在这之前，只允许拥有马车之类机动性交通手段的特权阶级居住在郊外。可是，产业革命之后，尤其是汽车出现后，任何人都可以在郊外居住了。

如果到德国去，就会看到家庭菜园深受喜爱，到处都有被称为市民农园的小院，这也是文化。意大利人认为住在古老的地方很有身份，英国人也认为旧的东西有名气，相反的，日本的文化则认为新的住宅好。

我觉得当我们谈论城市未来的时候，不应该忘记这样的文化侧面。如果只强调合理性，人就不会改变了。

萩原 NASTU 子　到了 2050 年，我刚好 94 岁，也许我还活着。前几天，我参观了丸之内的新丸大厦的预展，它周边的绿色只有皇居。在这个大厦的 10 层，有一个叫 Ecozzeria 的生态学的空间。那里有二氧化碳的房间、有 3R（减少 Reduce、再利用 Reuse、再循环 Recycle，三个 R 打头的单词）的房间等，我想，这整个大厦将排放大量的二氧化碳吧？今后在东京还将继续建设大型的高楼吗？

大野　日本的建筑物寿命很短，大约相当于美国的一半左右。大体的推测，据说美国约是 70 年，日本是 35 年，在这 70 年之间，日本要进行两次的建设。日本拥有对应这个旺盛的建设活动的建设产业，所以不能突然缩小建设业的规模。这种趋势恐怕不会轻易改变。

江户时代是环境共生的典型吗？

中村　我想请教大西先生有关物资流通的事。例如，在长野栽培的蔬菜是浇灌了长野的水。于是，由于日本从美国大量进口蔬菜，所以说日本人大量地喝着美国的水。我们应当怎样看待超越了地区自然包容力的问题呢？

大西文秀　日本的粮食自给率，以卡路里基准计算约为 40%，以重量基准计算是限定在 30%，由此可见，进口粮食原产国被消费的水资源超过了国内的灌溉用水使用量。虽然看上去地球上有很多水，但是真正可用的水（淡水）的量很少，有许多国家和地区不能确保水的卫生，这是现状。

另外，由于城市化的发展，降水的地表渗透力下降，雨水难以保留，一下子就从河里流向海里了，这种情况也容易导致灾害的发生。根据对琵琶湖和淀川水系进行的水资源容量的估算，发现水源供给地区的水供给量，从 1975 年到 1991 年，呈现出明显的下降趋势。水源供给地的剩余能力低下是一种世界性的倾向，波及许多资源，成为地球环境问题的主要原因。现在，人类活动的集聚超过了自然的包容力，环境容量低下现象正在升级，资源性和环境性等重要原因复杂地层层交叠，想依靠其他地域的援助也越来越困难了。

要想改善现状，我认为最重要的是恢复自然的统一，其中之一就是把江河的流域作为生态系统牢牢地控制住。应该以流域圈为单位，顺应自然的规律来改造城市，实行紧凑而有效地重新调整。对于过分庞大的城市，很有必要以生态学的眼光来重新看待。

大野　您的构想是类似江户时代的生活吗？江户时代的锁国政策持续了300年，建立了自给自足的经济圈，人的寿命约为40年，总人口3000万人左右。今天，人的寿命是当时的2倍，在当时的社会系统里能够生存的人口，是今天实质上的1/8。在东北等地区曾经发生过饥荒年里卖女儿的事。如果在昭和40年左右，还可以说二氧化碳排放量的水准不错，但是那时候的我们非常贫困，要说第二次世界大战前的那些年，为了开拓新天地，还组织了开拓团到中国去，所以，决不能回到那样的状况里。我觉得想法是各种各样的，有认为单纯地将时针拨回过去就可以的，也有希望至少维持现状的；但实际上，如果没有具体的政策，做不到减少二氧化碳排放量的同时不降低生活水平，所有的想法就成了画饼充饥了。

大西　根据我估算的日本生活容量，也得出江户时代的人口数量正合适的结论。另外，从地区来看，北海道和东北地区以现在的人口而论，也属于能够自给自足的状况。但是，我们不是回到过去，而是向历史学习，从江户时代的生活方式中寻找生态学未来的启发，也许这是一件有意义的事。我感觉大野先生提倡的纤维城市可能也是存在于现代和江户时代之间的产物吧。

大野　江户时代可是非常贫困，冬天也只穿一件衣服。昭和30年代，冲水马桶还很罕见。另外，因寿命短，退休之后很快就去世了，所以给家人带来的负担很小。而现在就不同了，把寿命缩短也许很好，但是，人们一旦知道了长寿的人生，对于自己动手将它缩短的现实能够接受吗?

大西　关于日本人的寿命，今后过了高峰期也许要逐渐下降。

大野　当真的，能够接受缩小的观点，快乐地积极地活下去吗？这是我最关心的事。正因为缩小是不可避免的，更是必须认真考虑的问题。

大西　人类必须与自然共生。只有当自然界和生命存在了，城市才能持续下去。在全球气候变暖日趋严重的变化之中，对于人均二氧化碳排放量是世界平均量的2倍，并且，许多资源的自给率低下的日本国民而言，虽然现在理解已经太迟了，但也许还是最后的考虑机会。

大野　近代之前，人都不具有机动性。由于具有了机动性才实现了现代的民主主义。现在的时代，无论谁都能得到想要的东西；而过去只有当权者才能得到想要的东西。普通百姓生活在极度受限制的环境中，就是那样也可以说很幸福了。问题在于是妥协呢？还是怎样去开发研究出能够克服困难解决问题的技术？也就是说，要肯定每个人消费欲望的价值，不应该持放弃态度，是吗?

大西　以开车为例来考虑一下我们的未来吧。减少行车距离，改善快速启动、急刹车等驾驶方法，开发环境性能高的车子，大量植树造林来吸收车辆排放的二氧化碳等，可以考虑各种各样的方法和配合。通过汽车的科学技术发展和对于森林的意识和培育，以及我们人类的用心，相信一定可以寻找到崭新的未来。通过思考人与自然与科学的关系，人的新价值观和新发现将会萌芽，地球的生命活动也将持续下去。

危险的“东京独胜论”

中村　纤维城市是以东京为典型，以东京人口减少为前提而考虑的。观看今天的德国，有的城市人口增加了，但减少的地方则不断地减少。如果考虑到人口的移动，也可以认为东京并没有减少那么多人口。我想请问：为什么以东京人口减少为前提呢？

大野 的确，在倾向性方面，东京的人口减少是缓慢的，而家庭的数量正在增加。到2030年为止，东京人口不会大量减少是很自然的预测吧？但是，如果承认这种预测，就成为“东京独胜论”。东京独胜论如果从经济面说，因为能够挣钱的只有大城市，所以应该积极地把劳动力和资本集中到大城市去挣钱，它被联系到这种市场万能主义上。

我不赞同这种想法。即使东京也是早晚缩小的话，就不要拖延20～30年，应该在这个时机率先考虑接受缩小。如果从现在开始，学会能够掌控未来的社会技术，将是物以稀为贵。东京单独取胜的做法非常危险，是惰性的思考。

中村 大野先生以东京为一个典型作了描述，但是，这种思考在其他城市也通用吗？

大野 我认为扩大的时候全世界都一样，而缩小的时候就显露出城市的个性。为了利用已有的东西，资产的内容就有了很大的关系。与世界的城市相比，日本的城市在交通基本设施方面占有很大优势。如果汽车的活用可行，改造为活用汽车的街道也很好。我认为哲学是相通的，但形式不同。

价值观能改变吗？

中村 萩原先生，您说东北是个保留着很大的自给自足可能性的地方，不过，在人口逐步减少的时代，地方城市将变成什么样呢？还有，据说生活方式和价值观将改变，但是，仅仅以“乐活”（LOHAS :Lifestyles of Health and Sustainability，即：“洛哈思主义”、“健康永续的生活方式”，“健康、快乐、环保、可持续”是乐活的核心理念——译者注）这个词代表其变化够吗？

萩原 我认为人口减少了，人们的生活方式、工作方式和价值观如果转变成生态学的观念，将更加容易生活。例如我生活了两年的仙台，是政令指定都市（日本的一种行政区制。当一个城市人口超过50万人，并且在经济和工业运作上具有高度重要性时，该都市将因此被认定为日本的“主要都市”。政令指定都市享有一定程度的自治权，但原则上仍隶属于上级道、府、县的管辖。目前日本共有20座城市被列为政令指定都市——译者注），是个很不错的城市，大自然也很丰富，稍走几步就有山、有海、有使人身心放松的空间。我清楚地明白了因工作调动到这里来的人们不想返回东京的心情。还有，我在NPO（非营利组织）那里说过，人与人之间因网络产生的信赖，是一种眼睛看不见的资本，即所谓的社会性资源（人际关系和信赖产生主动性，产生整个团体福利提高的一种概念），如果把它组织起来，还有更多的可能性。

“乐活”思想正形成高潮；然而，正像我在介绍“愚人农耕团”时说过的一样：对于那些早年有过农村生活实践的人，及考虑食物安全的人，还有新近刚刚了解了生态学生活方式的人们，美国的研究学者在20世纪90年代后期，曾经研究分析过他们的生活方式和价值观；结果发现，这些乐活的生活方式不过是受到了以上思想的影响而已。引起我注意的是：关于有益健康的食物和对环境有益的东西不是靠自己生产，只是所谓“订购”或购买的“乐活”，这两者间自然有些差别。

然后，从交通的观点，在宫城县四处观察后的感觉是：“车站”是地区社会的交通据点的同时，也是联系着建设地区关键问题的“人、物、金钱、情报”的地区据点，成为地区里产生多种价值的“场所”。

保留了历史，城市就具有个性

大野　很容易成为地区个性象征的地方小车站，实际上也是规格品。横钉木板的外墙面，上面涂着灰泥，人字形双坡屋顶的车站,的确就是旧国有铁路时代的规格品。为了振兴地区，要大量地强调个性；但是，不可能说日本所有的城市全部个性化，都具有不同的形象。例如江户时代，到哪里都可以见到门窗上有大同小异纵横格子的铺面房。虽然不是个性化但完全不受影响。现代日本存在的问题，是在人的头脑里除了想把旧的建筑一扫而光后建造新的东西之外，缺少其他的构思。如果我们保留了旧的建筑，自然而然地城市就形成了个性化。因为人不可能完全一样，人是有个性的。因为人不能重复其他人的一生，人生是有个性的。城市也如此，没有必要从最初就要它具有个性。

如果打开思路来看待缩小，今后的 40 ~ 50 年间，国际的纷争将成为重大问题。也许 21 世纪的纷争将来自二氧化碳排放量的分配。今天，被称为先进诸国的国家，以人口计算约有 10 亿人，剩下约 5~6 亿人的国家处于贫困状态。脱离贫困走向了富裕社会的有巴西、俄罗斯、印度、中国——金砖四国（“BRIC” 取这四国英文名的头一个字母缩写而成，由于 “BRIC” 发音与砖块 “brick” 相似，故称为 “金砖四国”，最早提出 “金砖四国” 这一概念的是高盛证券公司,后加入南非，单词变为 “BRICS”，改称为 “金砖国家” ——译者注），还有非洲等后续的部队，正在形成巨大的经济圈。这些国家在国际社会上将会提出非常强烈的主张。

在今后的国际社会中，日本的位置会发生变化吗?

萩原　今后的环境、危机管理将变得更加重要。1994 年，在我访问英国的女性和环境网络俱乐部时，她们的代表曾经强调：小政策的决定非常重要。从那以后，我也在认真地考虑，与生活有关的社会资本的集聚应该怎样加强?

说到关于城市的问题，旧的建筑从城市被清除的理由之一是因为法律的障碍。因此，很有必要改变我们的制度和法律等。

2

利用水系重新组建城市

东京生态城

有效利用水系网

阵内秀信

威尼斯的水系与昔日的东京水系很相似。从威尼斯归来的建筑史学家，在对东京进行潜心的调查和研究中，发掘了自江户时代到20世纪60年代为止的东京绵延流淌的水系网的历史；提出了利用水系和绿色组成网络状的21世纪的“东京生态城”的设想方案，以取代20世纪被铁路、汽车所代表的“陆地时代”的东京。

水的城市·重建东京

我年轻的时候曾经留学威尼斯。对于当时的我（1973年）来说，并无意去调查水都威尼斯，而只是为了重新认识近代城市计划和建筑样式等，想去个稍微不同的地方，用身体去感受和思考，所以就从那个轻松的地方开始了留学生活。

后来，1976年回到东京开始在法政大学从事教学，创立了“东京街道研究会”，观察了东京近30年。在那时候，没有人认真地调查和研究东京，从关心城市问题的同伴那里也很难得到理解。尽管如此，因为有兴趣而决心一试。我和学生们一起在东京奔走，我把对东京的再评价，从历史的观点进行归纳，出版了《东京的空间人类学》（筑摩书房，1985）一书。

在长期的观察中，我发现了各种各样的课题。那是20世纪80年代初期的时候，当时有一位东京艺术大学建筑系出身的朋友小泽尚先生（他出身于都市中的工商业者居住区，又指城郊、庶民区，在东京指北区、江东区、墨田区、江户川区、港区、中央区一带地区，现居住在明石町）邀请我说："有游览船从佃岛出发,我们去乘坐吧。"在东京低洼地区的沿河两岸，有很多出色的昭和初期辉煌的近代建筑和桥梁，以前我就注意到了。正巧有一位叫喜多川周之的历史学家（东京人）也一起乘坐，他简直是个活字典，为我们作了详尽的说明。

游览船从佃岛到大川端、隅田川、神田川、日本桥川……沿着河转了一圈，欣赏了景色各异的风光。我们听到了许多有趣的故事，例如：御茶水的堤坝上有关东大地震中倾倒的树木，日本桥的桥身是用花岗岩建造的，战乱时木船烧焦的痕迹还残留在石头上，还有人玩泰山游戏而落入河中等。耳中听着这些故事，脑海中浮现出人类的生活和水紧密相连的形象，我因此开始了对水的城市的研究。

再结合了自己的威尼斯体验，我真正地爱上了水的城市。从那以后，又进一步调查了各种各样的城市，例如：中国苏州城的周边、泰国曼谷、土耳其伊斯坦布尔等地都去过，更加对水的城市产生了浓郁的兴趣。

东京生态城的再生计划

2003 年，我在法政大学创立了跨学科的研究项目组，名为"生态地区规划研究所"，开展关于水的城市的研究。在江户东京博物馆举行了命名为"东京生态城——建设新的水都"的展览会。通过东京运河工程的建筑师田岛则行先生、东京工业大学的久野纪光先生、编辑寺田真理子女士等年轻的建筑师、策划者、管理者们以及江户博物馆众人的共同努力，展览会得以顺利举行。

我们要追溯过去，了解历史上的东京怎样作为水的城市创造了富有特色的城市空间；弄清现在城市空间的状态，确认其可能性的同时，提示未来理想的视野和计划。这是各行各业的专家们讨论、归纳后提出的看法。

我们从历史和生态学两个方面考虑21世纪的地区规划。直到今天，有关方面的研究，还是生态学专业的人研究生态学，历史专业的人研究历史，在各自的领域进行各自的研究，市民的活动也各自分开进行。我认为将它们合二为一的观点相当重要。

如果以巨大的历史悠久的东京为研究对象，掌握整体形象将相当困难。因为专业是分工的,政府部门也是直线型领导，研究方面也是根据时代进行划分，并且问题的线索也容易中断。尽管如此，我还是觉得从大的方面把握城市，从而连接视野的做法非常重要。

在各种时代里，城市的形象和作用、印象都会发生变化；希望现代的我们，怀着再一次恢复东京生态城的梦想，群策群力地共同努力吧。东京曾经是个生态城这一事实毋庸置疑。尤其，从城市论而言，低洼地区是水的城市，而高岗住宅区（特指文京区、新宿区一带知识分子集居地）的地方正像川添登先生说的那样，是田园城市。我们要根据各种各样的观点，配合地面上形形色色的物体，再从船上，有时候从直升机上观察，从各种角度去寻找这个街道的可能性，再以此为依据来提出方案，这一点非常重要。为了这个目的，我们正在潜心研究历史，决心充实而具体地描绘出东京生态城的形象。

出现了以海和陆地连接东京的城市设想

回过头来，又反复有人提到了威尼斯和东京非常相似。例如：涩泽荣一为自己建造了宅院，他委托辰野金吾在面向东京最漂亮的大运河日本桥川，建造了带有威尼斯哥特式特色的私邸（图1）。涩泽打算把东京建设成像威尼斯那样的国际贸易

威尼斯的大运河

兜町的涩泽荣一府（取景《宪法发布式大祭之图》国文学研究资料馆收藏）

图 1　威尼斯和东京

城市，像这样的以海和陆地连接东京的城市设想后来多次出现。

其实在 20 世纪 80 年代前期，我到台场去察看的时候真的大吃了一惊。

我把这里的景色和乘坐威尼斯咸水湖的船返回时的夕阳景色做了个比较，觉得这两个城市确实很相似。我注意到东京也和威尼斯相同，有着和水一起呼吸的自然共生型的城市形象。品川码头、大井码头的对面，渐渐西沉的夕阳笼罩下的东京湾的风景真是令人陶醉。

我认为，东京拥有得天独厚的条件，将成为一座新颖而美丽的城市。但是，近现代的开发破坏了它的美丽，抹杀了它的潜在价值。这样做的理由就因为它只有 10 年、20 年的计划性，只看到短期的利益，要最大效率地使用土地，这种现象实在令人遗憾。如果把眼光放远些，从更大的视野考虑问题，就有可能建设出可爱的城市。

水是移动和风景的轴心

提起现代，车站前的区域在社会中发挥着决定性的、重要的作用；但是在过去的时代里，船的使用居于主体地位。因此，在城市中基本移动的轴心，同时也是风景的轴心，几乎都是水路。如果看旧式地图，上面的道路不显眼。地图上画的水路、河流占有压倒性的重点。

当然，桥的周边在当时起着重要的作用。江户绝大部分重要的城市功能都集中在桥边。那里集中了广场、繁华地带、游览地、戏院、理发店、商业机能等各种功能。

由于情况发生了极大的逆转而形成陆地的时代，但是，那时候没有合适的城市结构，缺少把陆地的城市有机地组合起来的规律。可以说，陆地时代的城市变得支离破碎了。水的时代，如同水的流动一般有河流、有运河、有生态系统，在它有机的体系下，重要的点相互关联着。

日本桥川的河岸风景（《江户图屏风》日本国立历史博物馆收藏）

西堀留川和仓库群（明治初期）

图 2　水是移动和风景的轴

人坐在船上漂荡着、品味着、感受着水边展现出的某个城市的风景，内心里有很多进行各种想象的机会。仅靠这些也能够丰富地塑造出城市的形象。因此，在画里面也反复描绘过，甚至连昭和初期，以水路、运河为中心的，非常美丽的水边风景中的近代建筑、近代桥梁的模样，摄影师也在大量地拍摄（图 2）。可是，非常遗憾的是这些景色正在渐渐地消失。今天，水的时代又来到了，所以专家们应该强调城市建设的规律，再次以水路、运河、河流、海湾地域为中心，组建丰富多彩的城市形象。

继续欣欣向荣的渔民街

我本身和阿姆斯特丹（荷

兰首都，国际港口城市，由 100 多个小岛组成）方面也在进行着学术交流，而提起东京的有趣之处，就是越研究越有新内容出现。为了有实效地合理地把水都的规律在现代展开，关于计划制定，以及形成协议的操作方法等，阿姆斯特丹有许多可以借鉴之处；但是，东京的城市中也传承了非常有趣的因素，或者说，这些因素虽然有变化却保留下来了。

例如：其中之一是渔民街的社区继续存在。深川、滨松町、古川、芝浦、品川、羽田等地，都有原渔民街的社区。其中的深川、品川、羽田、佃岛等地的社区拥有精神方面的追求，在祭祀的狂热气氛中有些令人恐怖的东西。同时渔民街的空间性也很有趣，有很多小巷，有神社，都和水边相连，同时又具有有机的空间组合。更大的好处是有许多饮食店，可以吃到美味的寿司和鱼料理。这样的地方还保留着那种家一般温暖的感觉。

但是，现在的城市江滨大开发，都在大规模的填埋地上展开，不会有原先的居民，所以不得不成为无机的空间。过去的江滨被分割开来进行开发，和社区的活性化没有联系。例如，浦安有原渔民街，至今还保留着相当的水域，靠海的那一头，有东京迪士尼乐园、迪士尼海，还开发了温泉。如果把新填埋建造的新城市街道和有渔民街的旧城市街道连接起来，实现过去和未来相连接，就会出现非常有趣的街道可变性，可惜没有这样做。开发只在那个区域里结束，所以没有继续发展下去。

另一方面，品川的渔民街真的很有意思，在周围利用再开发促进活性化的建设中，也有幸欣欣向荣地保留下来，现在这里作为船员旅馆非常热闹；同时，用船把荏原神社的天王祭的神舆送到台场海滨公园，并且把它放入海中的宗教表演（海中神舆启行）的部分也保留着（图 3）。

我对佃岛有过长期的深刻了解，也住过船员旅馆；江滨会议在威尼斯举行的时候，佃岛曾受到表彰。因为它和大川端江城 21 的开发实现了良好的共存，所以这个社区受到了表

品川的船只停泊处

用船把神舆送往台场

台场海滨公园举行的海中神舆启行活动

图 3　品川的渔民街和海中神舆启行

大川端江城 21

佃岛的船只停泊处

过去的渔民房子

小巷里供奉的地藏菩萨

图 4　存留下来的佃岛

彰（图 4）。在住吉神社的社务所里，还陈列着威尼斯匠人制作的玻璃奖杯。因为有能干的领导人，所以出色地保留了这片社区。它不是偶然被保住的，也曾经经历过地产炒作的艰难困苦的时期，我们都看到过当年的情景。

今日在东京的内部还保留着一定程度的水路，作为水的网络城市，它是一座隐藏着再生可能性的城市。因为有神田川、隅田川等江户时代流淌至今的沟、渠，还有目黑川等各式各样的河流，所以旧的地方具有再生的可能性。

深川是日本的威尼斯

实际上，直到昭和初期，深川都被称为“日本的威尼斯”。有一本西村真次的名著《江户深川情调的研究》，认为进入深川的情景和威尼斯的情况非常相似。书中以这样的话为开头：“实实在在应该说，深川是个令人着迷的地方，当你跨过永代桥进入深川时看到的景象，正如同你来到威尼斯，从大陆通过新造的近代铁路桥进入那浮在水面的古老岛屿时的情景一般（图 5），感受何其相似。”

威尼斯 1887 年

广重永代桥全景图（东京都中央图书馆收藏）

图 5 深川＝威尼斯论

书里对深川作了这样的描述：“深川实在是个有趣的地方。这是即将填埋之前拍摄的江户鸟瞰图，周围都是海（图 6）。例如，富冈八幡的周围现在还保留着部分的海，这里的海被填埋后建设了木场，将这里作为旅游观光地来宣传，在门前町出现了烟花柳巷，这一带地区有游乐的酒馆、有高级日本式饭馆。如果打听佃岛，会有人向你描述当年人们乘船来到深川，然后分散往各处游玩，到了时间再回到原处乘船回家的情景，那是个悠然自得的时代。渔民街、烟花柳巷和木场，以水相连的产业在深川兴旺起来了。”通过水建造了城市诞生了文化。这真是一本非常刺激的书。今天我们必须重新提起这一切。我认为，包括城市历

图 6 幕府末期（1859 年）的鸟瞰图

史的复合性魅力、阿姆斯特丹所没有的游玩心、美味的东西、宴会等，这些都是人们非常喜爱的，曾经在水边寻求过的东西，希望以这样的背景为基础，推进新的项目。江户时代对水边地区的使用方法真是了不起的做法。另一方面，它是在保护城市不遭受可怕的水害为前提的情况下，提倡亲近水不如“在水中游玩”。

水边有吸引人的向心性

当你读到描述1650年时候江户水边景色的文章时，就会看到那是一幅何等其乐融融的生活景象。它不是从实用主义出发去挖掘水边的功能，而是因为具有向心性是日本的水边特色。例如，深川地方有一个称为“洲崎辩才女神”（七福神之一，司音乐、辩论、财富、智慧以及延寿、除灾、得胜等的女神）的宗教地点（图7）。正月初一的太阳升起的时候，大家都会来此朝拜。世人就是这样地对水边怀有敬畏之心。百姓祈祷渔业丰收和安全，并为此建造神社，在它的周围形成社区。与此同时出现烟花柳巷。并且，有趣的是，这些行业没有在江户时代结束，到了昭和初期，水边已经形成了三种服务

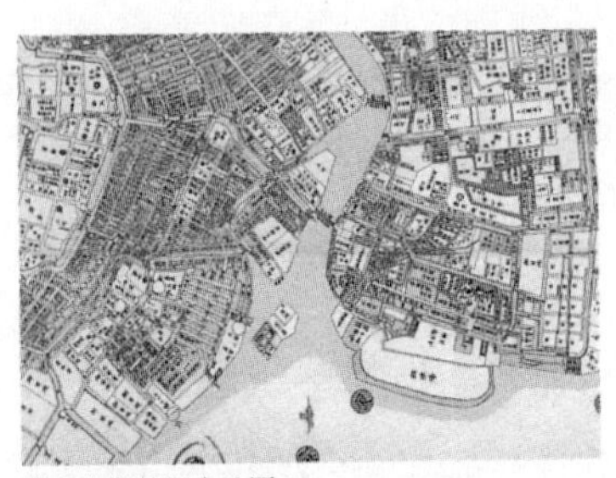

幕府末期的江户地图

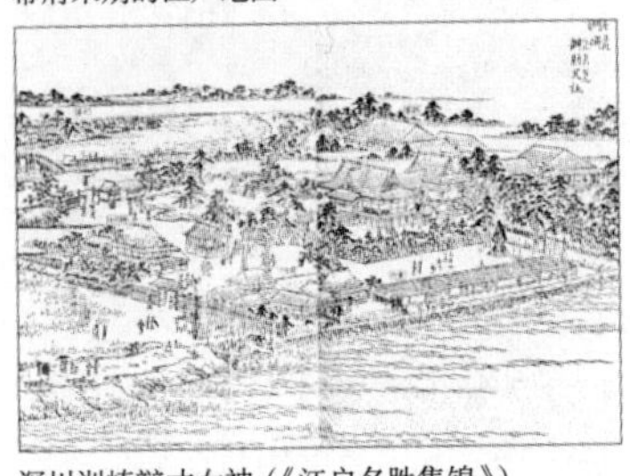

深川洲崎辩才女神（《江户名胜集锦》）

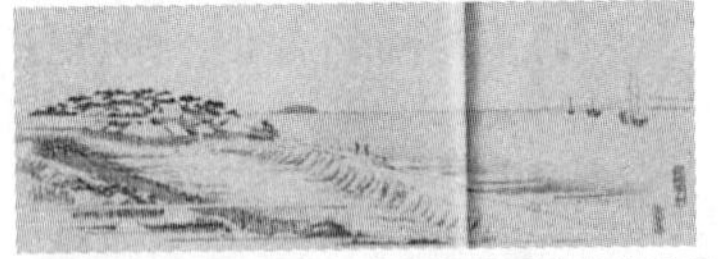

深川洲崎辩才女神（歌川广重画《洲崎雪晨》，1840年左右，大田纪念美术馆收藏）

图7　水边的向心性

营业许可地区（料理店、艺妓馆、游乐的酒馆）。所以在水边的港湾区、产业区的邻近地带，那里一定有高级日式饭馆、一定会出现酒馆等娱乐场所。这真是日本的城市文化的有趣之处。

人们总觉得浅草和水边的渊源关系是众人皆知的，可我认为有必要更进一步去挖掘和理解它。位于浅草的浅草寺也是因水而诞生。据说渔民的网捞出了观音像，然后就建造了观音堂，和水一起诞生的神圣的场所就是浅草寺。因为与水结合的环游性而博得人们喜爱。游人从柳桥附近乘船去吉原游玩，在向岛的水边赏花。幕府末期，戏院搬来了，人们就乘船去看戏。这个环游性就与水边结合起来了。

好的近代建筑都建在水边

怎样理解近代非常重要。和我们过去看到的江户相关的因素，大部分在这里被中断了。为什么呢？因为在关东大地震中受到了极大的破坏。但是，如果我们反过来看，那就是现代的水城将从此出现，是吧？这是我们决不能忘记的事。从很早开始，在通过运河形成的中心地区，好的近代建筑都建在水边。

这是件很有趣的事情。到昭和初期为止，水边两岸的地价都很高，因为人们都看好这些地段。每当象征新时代的东西出现的时候，总是首先在水边出现。例如第一国立银行大楼。这是清水喜助设计的建筑物，他以人的手，首次在桥畔建造了一座超越富士山的，纪念碑一般高高耸立在城市里的景观。当你看到被大正时期的近代建筑围绕着的日本桥广场，会觉得即使巴黎也没有这么出色的桥畔广场（图 8）。这些在震灾之前建造的建筑，虽然学习了近代建筑，但与西洋建筑不同，是在江户背景的影响下建造的，是出色的桥畔广场。我想我们应该明白，和那些现代的、集中了零乱因素的、城市建筑的景观相比，

海运桥和日本国立第一银行

大正时期的日本桥畔（《街道 明治大正昭和》）

图 8 桥畔的广场及纪念碑

明治 30 年前后的中洲（《新选东京名胜集锦》）

图 9 产业革命和水边

这样的建筑物有着更加引人入胜的空间。

尤其在明治中期以后，产业革命开始了，水边有了更大的变化。日本最早的官办工厂浅野水泥公司诞生了。在这张画里面，工厂的烟囱里煤烟滚滚涌出，但不是表示坏的形象，而是表现自豪感（图 9）。最强烈地表现了产业革命中城市步伐的地方也是水边。

附带说一下，河流的形象大大地改变了。游船漂动笙歌曼舞的水边，变成了往工厂运输物资的公司货船来往穿梭的忙碌景象。但是，这也清楚地说明，即使那个时期，交通的中心还是在水边；也可以说，跨入近代后船运的结构更加发达了。人们认为，到了近代，船的数量是压倒性地增加了。往往有人认为，江户的时代是水边的城市，进入近代后，交通手段被铁路和汽车等代替，形成了陆地的城市，实际上一直维持到 1960 年左右，东京还是水的城市。

隅田川是桥的博览会场

不过很遗憾，曾经耸立在水边的漂亮建筑物中的大部分已消失了身影，但桥梁几乎都没有毁坏。震灾后重建的桥梁依然坚固地挺立着。的确，对于车辆交通而言，只有那一段很狭窄，因而成为瓶颈，但桥梁总算还存在。

其中有很多设计优美的桥梁。我的同伴伊东孝组织了桥梁研究会，热心地调查了东京的桥梁，认真地总结了研究内容，呼吁保护这些桥。每个地区都有各种特色的桥梁设计，它结合了运河的宽度和地区周围的环境、风景等进行了考量和建设。在靠近皇居的地方，耗费重金建造了石砌的古色古香的桥梁，江东的周边地区虽然造价低廉，却使用了桁架结构，那种形式很有意思。日本桥川的桥梁是钢筋混凝土结构，但是，上面铺上石头，给人以沉稳的拼花石砌的感觉。从设计的文化角度观察，真是很有意思（图 10）。

永代桥

御茶水桥和圣桥

柳桥

图 10　震灾后重建的桥梁

建桥的同时也是对绿色网络的培育。在桥的四周，建立了名为“桥头广场”的小型公园（图 11）。这些地方原来是作为桥梁重建时的迂回空间并增加美观的作用。过去没有“环境适宜”这个词，在昭和初期，与它意思相当的是“城市美”这个词。

隅田川几乎可以称为“桥的博览会场”，还修建了江滨大道（图 12）。对于每位建筑师来说，这种水边的照片是赋予灵感的极佳

架在小名木川上的万年桥

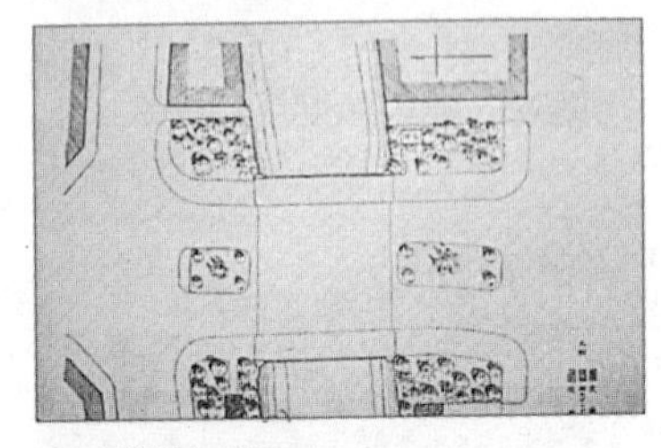

江户桥的桥头广场

图 11　桥头广场

昭和初期的隅田公园

图 12　隅田川的江滨大道

材料。这是即将架设高速公路之前拍摄的数寄屋桥的照片。上面的建筑物是朝日新闻报社和日本剧场。现在依然保留着原有风貌的是泰明小学校。我把当时杂志上发表的规划图收集起来剪辑之后，就成为这个样子。它实在是个理想的空间（图 13）。

数寄屋桥是因为负有盛名的作词家菊田一夫的一首《君之名》的歌曲而风靡一世的地方。我觉得，东京至今没有出现过足以替代它的更好的城市空间。

昭和初期，曾经计划在晴海、丰洲一带修建奥林匹克会场和世博会会场。今天，东京都知事石原正在拼命地努力，要争取把奥林匹克会场设到东京来；在研究了各种各样的计划后，好像打算从筑地的鱼类批发市场开始，将那一带的填埋地作为奥林匹克会场的地点，我觉得就像重复了当年昭和初期的想法一样。那个时候，作为庆祝建国 2600 年纪念的国家大典，曾经计划争取成为奥林匹克和世博会的举办国，遗憾的是战争突然爆发了，所以计划流产了。因为奥林匹克的会场实现不了，又设想在神宫建立会场，最终打算在这里举行世博会。由此可以看出，有效利用水边的空间来提高形象这种感觉在当时就有了。也就是说，在这个时期，水边曾给人带来梦想。

而且，第二次世界大战后也留下了水上巴士的航线。网状的航线上，曾有无数船只纵横穿梭热闹非凡。在20世纪60年代前，这里有过许多小舢板。听说当年在东京湾曾经搞过海苔养殖。

然后，从那时候开始，水的城市——东京就进入了最糟糕的噩梦时期。

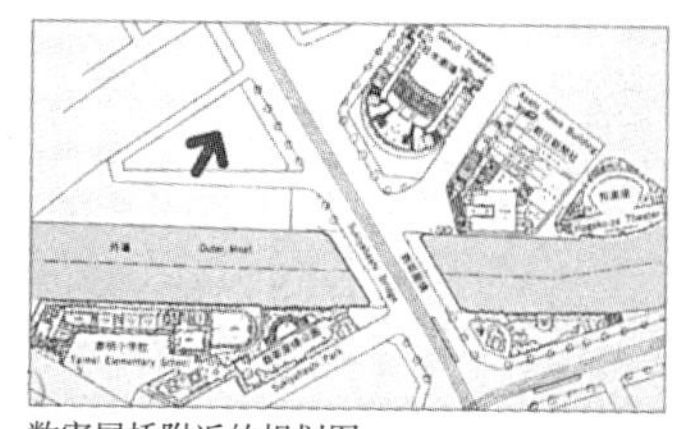
数寄屋桥附近的规划图

数寄屋桥和朝日新闻报社

数寄屋桥周边的城市空间

图13　昭和初期的数寄屋桥

水边计划的转折点

在那之前，以丹下健三先生的“东京规划（1960）”为首，建筑师们曾有过各种水上城市的构思。我认为这些计划在今天应该再次修改。前面提到过要在江户东京博物馆召开的展览会，我们曾就此事，匆匆地采访过多位建筑师。当时，丹下健三先生已经去世了，但是我们采访了大高正人先生、菊竹清训先生、川添登先生、稹文彦先生、矶崎新先生、黑川纪章先生等人，求证了当时他们的具体想法。

这是颇为有趣的一个现象，当时他们中的大多数人都认为填埋造地的方法不好。因为填埋而破坏自然生态系统的做法不

架在旧常磐桥上的高速公路

水流变成了车流

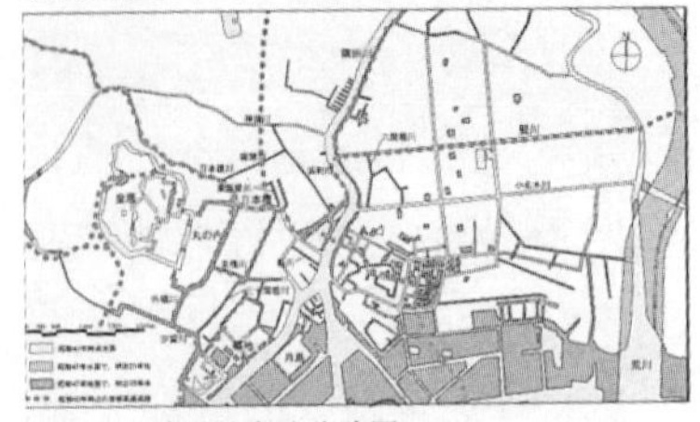
水路上面建设的高速公路网

图 14　河流和沟渠上的高速公路

好。他们的观念好像是为了使东京得到充满活力的发展，要打造防波堤，尽可能建设一座轻盈地浮在海面的城市。

由于不断地填埋，渔民将消失、公害将产生、东京湾将死去。请问，我们已经想好了不同于这些最糟糕变化的、崭新的水都东京的面貌吗？

实际上为了产业开发的需要，正在不断地填埋东京湾，因此，自然的海岸线被缩短，已经只剩下三番濑那一小段了。而且，河流和沟渠上架起了高速公路（图 14）。但是，当时大家对这一切都曾经欢迎过，所以不能抱怨谁。

尽管如此，我们还是努力坚持着没有废除水上巴士而且将它保留下来了；并且，值得庆幸的是开始有了起色。自从进入 20 世纪 70 年代，慢慢地情况发生了变化。石油冲击（1973 年 10 月第 4 次中东战争给日本带来的经济冲击）成为转折点。如果观察世界上的城市开发，我个人认为，欧洲也是以意大利为中心追赶着世界的潮流；可是从 20 世纪 60 年代末期开始到 1973 年，社会结构突然改变了，人们的意识、生活方式也改变了；发展的方向变了，真正考虑到了从量到质的转换。

德国对生态学规划的认识也发生了很大变化，意大利也注意到了历史环境的重要性和城市文化的重要性，开始朝着城市再生的方向努力，法国当然也是如此。只有日本，还难以真正地发生变化。

水都东京的复活之路

水都东京将分成四个阶段来复活。

首先，第一阶段，从 20 世纪 70 年代后半期开始到 80 年代前半期的自然环境的恢复，它是作为竞赛、娱乐场所的复活。自然环境恢复了生机，人群就在水边聚集起来了。这些变化也影响到了东京湾，从台场海滨公园就可以感受到（图 15）。那是多么快乐的时候。

第二阶段，是 20 世纪 80 年代前半期的住宅供给计划。这是在东京海湾地域提供住宅的战略方针，目的是吸引常住人口回到东京。大川端水道城 21（图 16）就是当时兴建的住宅。这个阶段，因为没有经济的压力，所以提供住宅就可以达到目的了。后来，从 1985 ~ 1986 年左右开始，东京的地价上升，所以就无法提供住宅了。剩余的土地全部变成了写字楼的规划。

最有趣的是进入这个短暂空间的 LOFT 文化（由废弃仓库厂房改造的艺术家工作室），这是第三阶段。LOFT 文化的有趣之处是把起源于纽约的事物引用到了日本，使用各个仓库和设施，用小小的资本游击式地展开活动（图 17），开发商、大企业并没有

图 15　台场海滨公园

图 16　大川端水道城 21

参与。以小小的手法、小小的规模，实现搞活水边的计划，从前对水边完全不关心的年轻人也聚集而来，享受了水边的空间。

图 17　芝浦的 LOFT 文化

但是，第四阶段遇到了20 世纪 80 年代后半期泡沫经济的时代。大规模开发的气势在这个阶段增强了，旧的仓库群等被拆除，重建起高层建筑（图 18）。

图 18　仓库原址上矗立的高层建筑群

1985 ~ 1986 年简直是东京湾发展的巅峰时代，提出了50 个项目规划。其中有东京都的海上副都心、东京通信卫星信息地面传送中心城市构想。其结果，因泡沫经济崩溃导致主要的商业中心系统的规划基本上完全失败了；不过，住宅、文化设施、商业、体育竞赛空间获得了成功。

位于品川车站东口的再开发高楼群附近的屋形船基地

内部的运河发生了有趣的变化。这里是位于品川的寺田仓库的 TY 港湾（图 19）。旧仓库被改头换面，变成漂亮的餐厅，生意非常兴隆。桥的设计也很美。在这种内部的水边，存在非常大的可能性。这里是品川的渔民社区存在时使用的屋形船的基

寺田仓库的 TY 港湾

图 19　品川的运河

地，附近有品川城际大厦，应该怎样把历史和现代接近的地方培育成形象丰富、具有个性情趣的城市呢？它成为我们挑战的课题。如果听之任之，当然这里就会高楼林立了。

在东京都的“运河文艺复兴”运动中，芝浦岛的运河建立了船只停泊的码头（图 20）。

照这样下去，最糟糕的可能性就是高层建筑破坏了水边的景观和作用。人们在真正意义上对水边的关心开始消失，又进入只重效率的时代，好不容易建立起来的复活水都的思想和实际付出的努力，大部分又变得模糊不清了。

另一方面，事实上由于强烈呼吁人们在海湾地域居住的宣传也在进行，所以在等级差别社会中，富裕的新阶级正迁来居住。这种海湾地域的开发是由谁进行？又是怎样进行的呢？

我们观察阿姆斯特丹的做法：就是市政府抓主导权，开发者和建筑师一起讨论，很好地达成共识，制定出总的计划。对仓库、产业设施等进行改造，把它们变成住宅、商业、写字楼、文化设施等，顺利地进行开发。另一方面，原来的港湾地带的再开发，也积极地采用各种设计方案，兴建了中、低层的住宅群，中产阶级人群在这里舒适地居住，他们拥有小艇可以在水边游玩等。能够满足这样的条件，是因为港湾外面设有水门控制着水量，以东京而论，这一切并非不可能。

为了恢复昔日的水边风光，不能光停留于研究，无论如何必须行动起来。有时候我们也组织人把名为“E 小艇”（一

芝浦岛

芝浦岛的泊船码头

图 20　芝浦岛的运河

图 21　在水边开始划动的小橡皮艇

图 22　水滨的聚会

图 23　作为亲水空间的台场海滨公园

种谁都能够轻松驾驭的简易小船）的组合式橡皮艇搬到水边举行竞赛活动（图 21）。图 22 拍摄的是关东学院大学的宫村忠先生组织的游击式的水滨聚会，似乎也没有受到谁的责难。我认为就应该像这样积极地利用水边资源。

我想，日本的市民运动和 NPO 的数量之多可谓出类拔萃了吧。而在这样的环境中亲近水的行动也仅有这些。但我也注意到，在台场海滨公园里，出现了乘坐独木舟，或是孩子们在水中嬉戏的情景（图 23）。

连接被分割的水的基本设施

"让城市重新拥有海洋、河流"、"让街道、河川更加畅通"这类标语也不是没有现实感。威尼斯也是处于现代，却很好地使用着历史建造的水的城市。

日本也想在水边建立市民为主体的这种氛围，但亲水社区必须在海湾区域才能实行。那种许多岛屿浮在水面的状态，在欧洲被称作“群岛”。在东京湾里也有具备这种可能性的群岛，但是，根据日本的现状，首先是建立非常草率粗糙的基本设施，把用地分成几个大块，委托一个个开发商开发，这种做法不可能建设出好的城市。

到今天为止，提起基本设施我们就只想到道路、铁路等陆地的交通设施。但是，从现在开始，要考虑历史和生态走廊，也就是说，必须建设包括水网和绿色网络的基本设施。如果确认这些事属于公共建设，政府方面也就容易决定预算了。应该将一度从公共建设中被分割开的水网和基本设施连接起来。然后，就是专家考虑整理城市中的水网计划的时代了。

的确，威尼斯的水边空间非常巧妙地被保存在现代的生活中，以随意的设计手法活用了水边的空间。昔日曾是贵族府邸的建筑，今天国际会议也在此召开。在位于水滨的旅馆处，船只迎送着来往的客人，载着客人前往餐厅，这就是威尼斯的街道情景。

我想，在东京不是也完全可以做到这一切吗？无论如何让自然恢复原来的模样是最重要的。参加鹿特丹（荷兰第二大城市，世界第一大港，位于莱茵河下游）的（隔年召开的）美术展览会的时候，特别是听到要求把现代的成果带来参展的时候，我一下子感到非常为难。

东云 Canal Court 集合住宅区也很好，不过如果从水的空间角度来看，那里太拥挤，而且没有和水的接触点。我不想被人认为除了芝浦岛就没有其他的水边空间，所以提出了对于水边而言，最能使人轻松和消除疲劳的东京葛西临海公园。在地形变化多端的东京，确实有许多丰富多彩的水边空间。如果我们在海湾地域，发挥群岛的特色和围绕着近代运河的魅力，在内部地域，沿着沟渠、河流建立历史和生态回廊，那么，东京不就拥有了成为多姿多彩的美丽城市的可能性吗？

从流域看到的“人和自然系统”

大西文秀

●人与自然关系的定量化

环境问题中，从全球气候变暖、水资源、粮食资源、森林资源等地球范围的内容，到城市的热岛现象之类地方性内容，有各种各样的问题存在。基本上可以认为，问题发生在人的活动的巨大化以及与自然系统的相互作用中。现在地球环境的保护是当务之急，但现状却令人意外，因为把握居住环境中人与自然关系的过程很容易被人忽视了。这个过程实在是不可或缺的，它是思考环境问题的出发点。我们来考虑一下，根据自然生态系和人类生态系的观点，可以怎样分析人和自然的关系呢？

用图 1 表示自然生态系和人类生态系的关系。纵轴表示自然生态系的稳定性和正常性以及生物多样性的水平。横轴是时间轴。大的圆圈是自然生态系，那里面的小圈表示人类

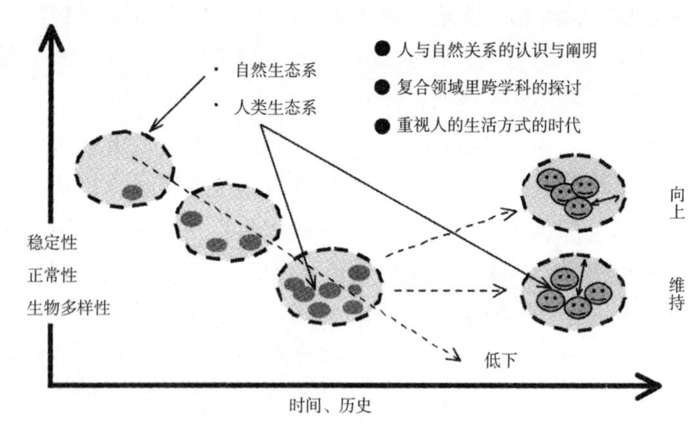

图 1　自然生态系和人类生态系

生态系。在人类生态系里，也可以把城市以及构成城市的建筑等包括在内来考虑。自然生态系里所占的人类生态系的比例越低，稳定性和正常性也越能够维持高水平。如图所示，如果这种比例继续增加，稳定性和正常性的水平就不断下降。现在这种状况更为严重。为了改善这种关系，当务之急是我们怎样去建立起保护自然生态系的人类生态系统。为了达到目的，定量地分析、认识人与自然关系的过程就很有必要，把复合领域统一起来，实行跨学科的探讨必不可缺少。

●解释“人和自然系”的5个指标

河川的流域历来被认为是一个环境单位。近年来，人类意识到流域是一个生态系统，其中的人与自然的关系最终对地球环境的质量具有很大的影响。

也就是可以认为，把生态系统的流域和流域盆地作为自然空间单位和领域来掌握，把形形色色的环境情报和科学知识统一起来，通过情报发表，促进人类对环境的认识和生活方式的进步，建造可持续的环境，成为实现城市和流域圈以及国土再生的线索。具体的方法，就是为了理解复杂的生态系——“人和自然系”，分析了与地球环境关系很深的关于“二氧化碳固定容量”、“冷却容量”、“生活容量”、“水资源容量”、“木材资源容量”5个流域环境容量的“人和自然系模式”（图2）。

这个指标以人的活动集聚为分母，以具有自然包容力的函数为分子来掌握。二氧化碳固定容量是森林资源具有的二氧化碳固定容量和人的活动产生的排放量的关系。冷却容量是原来森林所覆盖的地表面具有的冷却量和现在的地表面拥有的冷却量的关系。另外，生活容量是根据生存中必要的城市和生产绿地面积估算过的，自然可能人口和现有人口的关系，水资源容量则是根据降水的地中浸透量计算出的，能够

$$「流域环境容量」=\frac{\text{自然的包容力}}{\text{人的活动集聚}}$$

A. 二氧化碳固定容量

B. 冷却容量

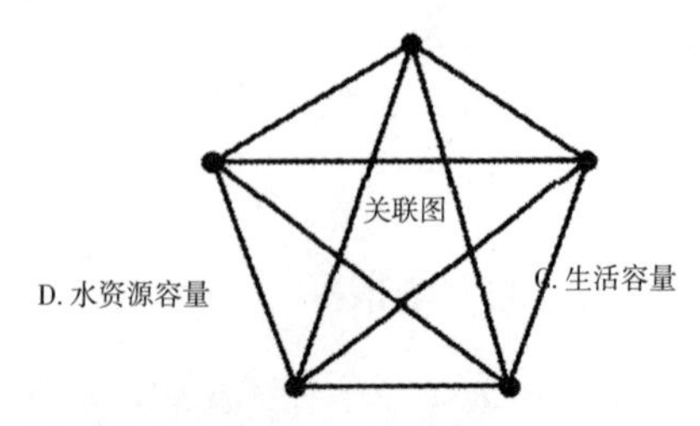

图 2 “人和自然系模式”的 5 个指标

利用的水资源量和根据人活动产生的水需要量之间的关系。还有，木材资源容量表示从森林木材体积的成长量估算出的木材可能供给量和人的活动产生的木材需要量之间的关系。为了进行这些估算设定了模式。详细内容请参照拙著《寻找另一艘太空船》。此书根据在学术杂志上发表的个人论文整理出版。

再把环境分阶层作个了解。我们以日本的三大城市作为试算地域，根据一级河川的大面积流域盆地的划分为基础进行思考，连同支流流域划分和自治体划分等，设定三个阶层的环境单位，进行了分阶层的环境分析。如果利用地理信息系统（GIS），表示首都圈的环境划分就如图 3 所示，森林面积率就如图 4 所表现。上段是最大领域的流域盆地划分，中间是将它细分化后的支流域划分，下段是自治体划分的分析结果。年间降水量、人口密度、不同土地利用的面积率等基本的环境信息也能够分阶层地分析和表示，包括依存关系、影响圈等都能够看出来（图 5）。

关于流域环境容量估算结果的概要，二氧化碳固定容量，

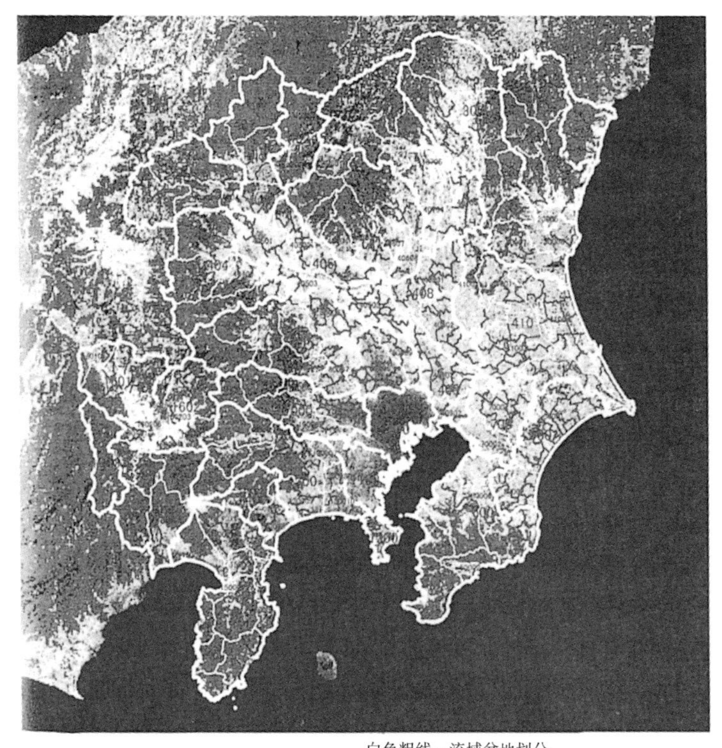

白色粗线：流域盆地划分
白色细线：支流流域划分
红色细线：自治体划分

50　0　50　100　150km

图 3　利用地理信息系统（GIS）制定的首都圈的阶层环境划分

在首都圈是 2.3%，在近畿圈是 5.1%，在中部圈是 8.8%。即使全日本范围的估算，也是 6% ~ 8%。根据前几天接到的 IPCC 报告，有关“温室效应气体在 2050 年减少一半的排放量”的世界目标已经在媒体上报道了，但我们知道，即使减少这么多还是不够。

接下来，说说冷却容量。反过来说就是关于热岛现象。夏季里，因土地利用中的排热特性而相反地放出热量，如果

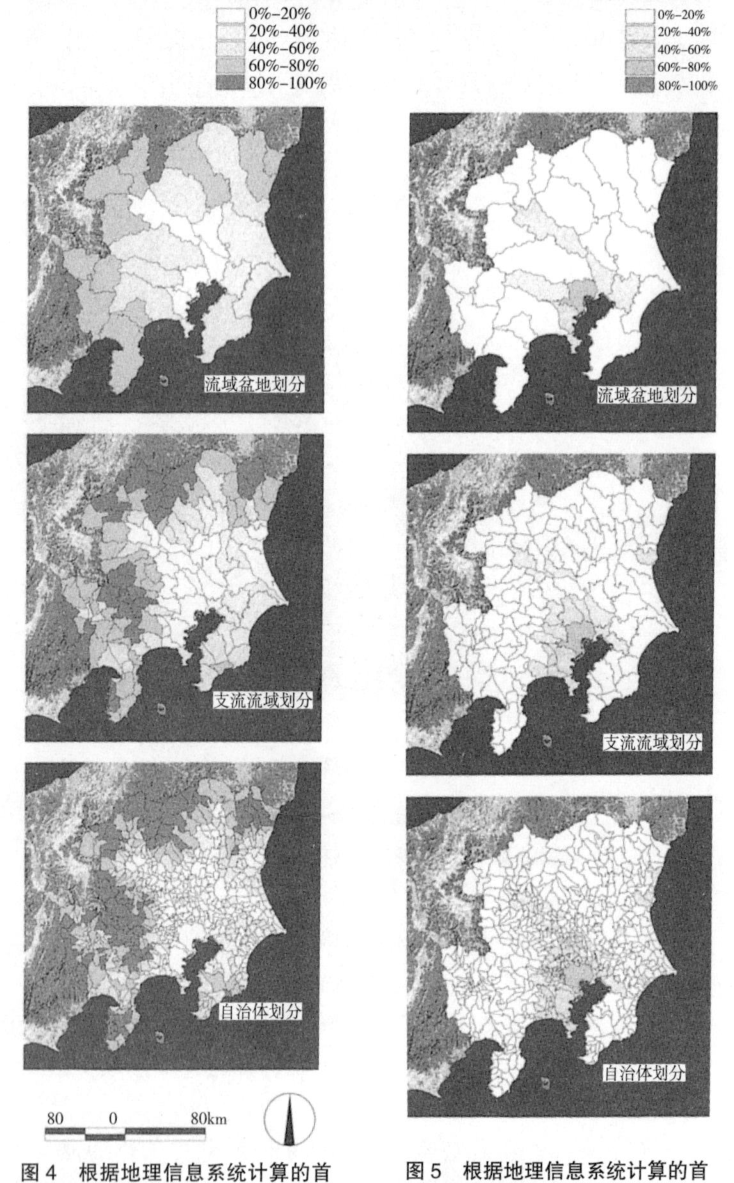

图 4　根据地理信息系统计算的首都圈森林面积率

图 5　根据地理信息系统计算的首都圈建筑面积率

对显示热岛现象的可能性高的地域进行观察，近畿圈和中部圈集中在中心城市地区，而首都圈扩展到半径 50km 的范围内。我们应用了土地覆盖具有的冷却特性的研究结果来进行估算，但是只有森林地域和水面才具有冷却特性的事却鲜为人知。

生活容量是自给可能人口和现状人口的比，首都圈是 24.5%，近畿圈是 22.7%，中部圈也是 40.8%。在首都圈和近畿圈居住的现状人口是自给可能人口的 4 ~ 5 倍。日本现在的粮食自给率约是 30%。在认为自给自足的江户时代锁国时期，那时的人口约 3000 万，现在人口约是那时的 4 倍，所以自给可能人口的估算值，是根据锁国时期的人口进行计算的。

其次是水资源容量。首都圈是 74.4%，近畿圈是 181.4%，中部圈是 435.2%，各地的状况都比预想的低。尤其首都圈，能够自给的水资源量下降了，当我们认识严峻现状的同时，对于估算结果也感到吃惊。

最后是木材资源容量。首都圈是 14.4%，近畿圈是 31.7%，中部圈是 54.8% 的低值。日本木材资源的自给率非常低，有八成要依赖国外木材，如果全部依靠国产木材供给，其消费量之大恐怕郁郁葱葱的森林在短时间内将消失殆尽吧。森林资源不仅对木材和水等资源面有影响，对于二氧化碳固定容量、冷却容量等环境面也具有很大的影响，因此，包括进口木材供应方的状况，都必须慎重地考虑。

居住环境中的人和自然的关系是重要的指标，就像环境的结构标准似的，眼睛看不见，认识有困难。通过利用地理信息系统（GIS）分析这样的数据，能够以看得见的形式表示，清楚明了地实现信息传递。对于生活方式不是也能给予好的影响吗？

●流域盆地的阶层结构

关于流域的阶层结构，如果以环境容量 5 个指标的雷达图表示近畿圈的纪川，情况就如图 6 所示。上段表示整个水系，

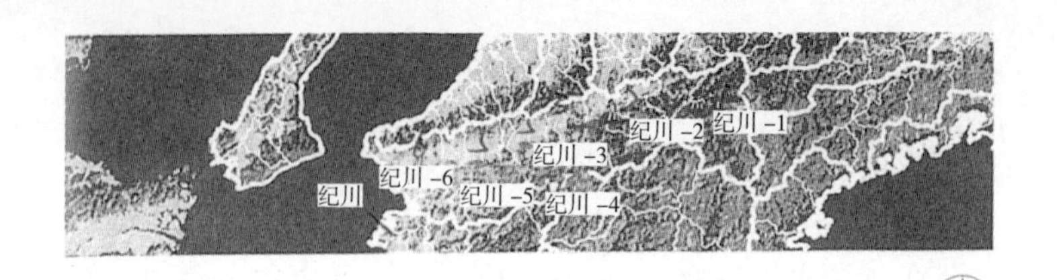

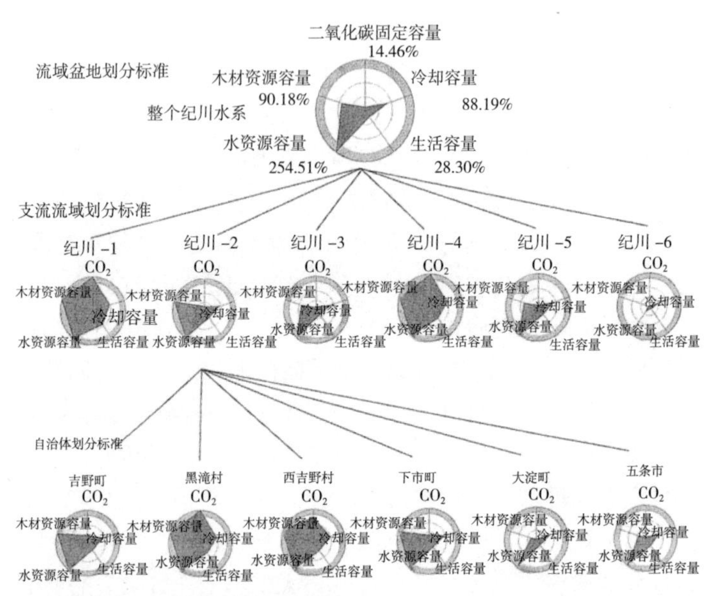

图 6　近畿圈、纪川水系的阶层结构

如果按支流域划分看待它，就像中段一样。下段表示自治体划分，这种情况下表示构成纪川 -2 支流流域的自治体划分。流域盆地具有这样的阶层结构，大的流域盆地也是由小的支流流域合并形成。它们有各自的属性，我们就生活在其中的某个地方。因此，为了培育环境，通过理解这样的环境阶层结构，认识有关环境单位的独立性，以及地域间、流域内、上游、中游、河口区域等的自然结构要点和社会活动等的相互依存关系是很有必要的。

●环境容量的变动形式

我们把 1975 年和 1991 年 2 个时期中的琵琶湖和淀川水系的二氧化碳固定容量和水资源容量的变动形式作了比较。令人惊讶地发现二氧化碳固定容量正在增加。这件事可以认为：二氧化碳固定容量的绝对量如前所述是极低的，尽管人均的二氧化碳排放量有增加，可是森林的个体定量超过了排放量 。依赖国外木材以维持国内森林成长的做法对此事有很大影响。另一方面，水资源容量的变动可以认为：虽然通过人的努力，平均每人的用水量减少了一些，却因城市化使地表的水渗透指数下降，渗透到地下成为水资源的量减少了，所以容量值降低了。单纯估算一下流域环境容量的消失年数，结果发现消失速度快的地域，二氧化碳固定容量约为 36 年，水资源容量约为 25 年就消失到接近零。像这样，供给地的容量余力低下，从地方波及地球水准的状况也成为环境问题的特征之一。

●流域维系着地域和地球环境

美国建筑师富勒博士把地球看成是“宇宙飞船地球号”，他有句名言：“如果从‘另一艘太空船’的角度来思考流域、流域盆地、流域圈等问题，就容易理解居住环境了。”

流域内的城市地区和自然地区的相互关系和环境的阶层结构的认识非常重要。也包括上游区域和下游区域。城市也很重要，支持它存在的是自然区域（生命区域）。我们需要充分地思考这些问题。我感觉认识城市和农村的相互作用非常重要。

另外，关于环境性和资源性，森林的储备量对二氧化碳固定容量和木材资源容量产生影响，土地利用等地表形态对冷却需要量和水资源容量产生影响。由此看来，环境要素不仅仅对环境面产生影响。我们都知道必须对各种各样的侧面加以理解。最后，只能通过活用环境容量概念来控制变动途径，但是由于自然包容量和人活动量的组合，将出现各种各样的变动途径（图 7）。关于二氧化碳固定容量，虽然人的努力不够充分，但是自然弥补了人为的不足之处，所以从结果来看是提高了。关于水资源容量，虽然在人的努力下减少了水需求量，但由于地表形态的透水性下降，停留在比现状低的水准上。我想，通过更深刻地思考人与自然的关系，应该也能做到有计划地控制吧？

如果我们思考关于人的居住或居住环境的流域和地球环境之间的相互关系，就会确切地体会到：不要认为地球环境只是一种模糊不清的存在，它是由多种地区的大流域、小流域镶嵌似的组合而成，地球环境会时而变好时而变坏的。因此，流域的存在，不就是为了把地域和地球的环境联系起来的吗？

希望以推动“人和自然系模式”的进化，提高有关自然的存在意义和人的属性的认识，为生活方式的改善和进步作出贡献；并且把促进居住人群与计划者、城市地区与自然区域的知识和情报的统一，作为我们努力的目标。

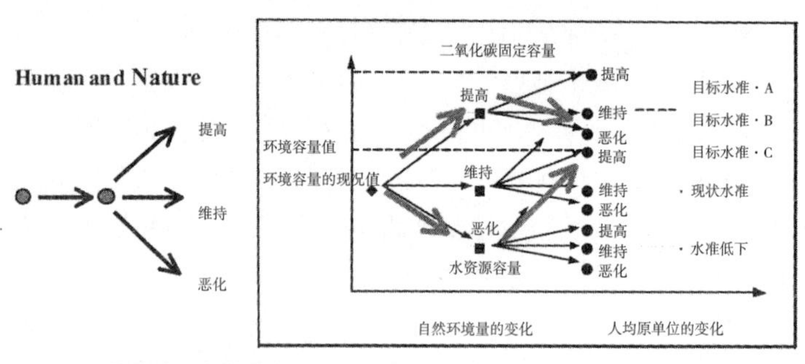

图 7　环境容量的变动形式

参考文献

大西文秀『もうひとつの宇宙船をたずねて−Operating Manual for Spaceship River Basin by GIS−、ヒトと自然の環境ガイドⅠ』(遊タイム出版、二〇〇二、159pp)

近江八幡的自然再生

柴田 IDUMI

滋贺县立大学环境学专业的研究范围，有关植物、鸟类、鱼类、大气、环境经济、废弃物等学科，云集了许多方面的专家，我在那里担任建筑和公共计划、城镇建设等学科的教学。作为建筑师，我长期从事着“城镇建筑”的设计和规划工作，我认为必须进一步根据生态学原理，建设包括鱼、鸟、植物在内，与自然和谐共存的环境。换句话说，就是“考虑生物的多样性，转向循环型社会的设计手法”的观点，也许是自己认识到了站在人以外的立场上思考问题的重要性吧。

●近江八幡

琵琶湖畔的近江八幡，由丰臣秀吉的侄儿秀次，于天正 13 年（1585 年）在八幡山山顶建城，在山脚筑馆，把织田信长死后的安土的乐市乐座制度（日本近代，即 16 世纪到 18 世纪，由织田信长、丰臣秀吉的织丰政权和各地的战国诸侯在自己管理的城邑等地市场实行的经济政策）和商人都引进了近江八幡地区。

这里的道路按照南北方向 12 条，东西方向 4 条（一部分 6 条）的格式，建造了方格形城市，就在那个时候挖掘了八幡护城河，河长 6km（图 1）。现在成为一级大河八幡川。当时，通过琵琶湖的一切船只，都要求在八幡护城河停靠，近江八幡作为商业的一大据点，这条河成为它发展起来的原动力。秀次从 18 岁开始，仅用了 5 年时间就打造了这个城市的软件和硬件的基础。

今天，这里修建了步行道，眼前只能看到一条狭窄的小河，但是，在江户时代，它是重要的物流通道，就像八幡护城河周边烧制的八幡瓦也从这里运往各地那样，大量的物资从这里运出。现在，由出江宽先生设计的，展示八幡瓦和世界瓦的“瓦博物馆”，就坐落在护城河畔。根据“瓦博物馆”的资料，八幡瓦的烧制地是元禄时代从京都深草迁来的瓦制造业的寺本家的瓦工场原址。这个寺本家的迁来可以看成是“八幡瓦”烧制的开端。

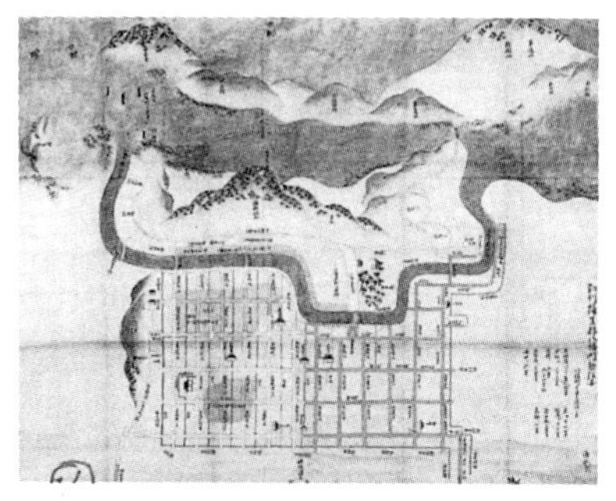

图 1 八幡古图 [元禄 11（1698）年江洲蒲生郡八幡町总绘图]

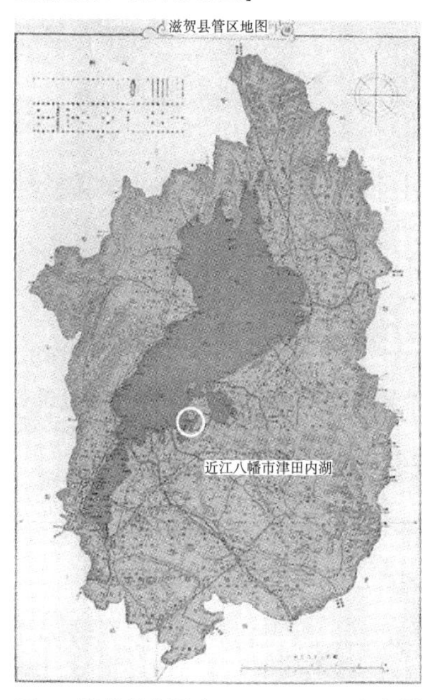

图 2 滋贺县全图（1937 ~ 1940 年）琵琶湖的周边被许多内湖围绕

滋贺县水系因山脊的棱线成为县境界线，几乎所有的水都流入占滋贺县六分之一面积的琵琶湖（图 2）。琵琶湖的周围有内湖（与琵琶湖水域相连的潟湖，即：浅水海湾因湾口被淤积的沙所封闭而形成的湖泊），八幡护城河周边的水系，形成两条水系路线；一个从昔日的大中湖（内湖）和现在的西湖（内湖）通过北之庄湿地，穿过八幡堀（市区）注入津田内湖，流向琵琶湖；另一个从西湖（内湖）通过津田内湖流向琵琶湖。船只从琵琶湖通过琵琶湖畔的津田内湖，驶到八幡堀（市区）。

现在，这些内湖几乎都被排干了水开垦成农田了，今天连接西湖和琵琶湖的长命寺河原本不是河，曾经是津田内湖的一部分。

八幡堀形成这些水系的市区部分，连接着水上交通通道，和自然生态系水路，以及市区街道背面排水（在建筑物背面的高处挖有排水沟）的下水计划中的人工水路，它是城市和自然的连接点，承担着许多功能。

威廉·梅列鲁·沃利兹是有名的建筑师。1905（明治38）年来到日本，作为滋贺县立商业学校（现滋贺县立八幡商业高校）英语教师，仅两年被解雇，后来从事布教活动。直到大正初期，他还乘坐加利利号船，从八幡堀通过津田内湖，在琵琶湖航行，在周边进行布教活动（图3）。顺便他还把各种各样的东西商业化，其中之一是近江兄弟社的涂搽用药蒙素利脱软膏（治烫伤、刀伤），他的妻子一柳满喜子在沃利兹的协助下，创立了近江兄弟社学园。

图3　加拉利号船（提供：吉田 RUI）

图4　杂草丛生，成为蚊虫和恶臭的发源地（1973年，提供：近江八幡青年会议所）

●先行一步的少数派

过去，在八幡护城河曾有大船往来，那里还曾经是游乐的场所，可是渐渐的河水变脏了。究其原因可以举出几点：排水沟的水流入护城河，带来了污染；饮食生活丰富了，排水里也充斥着富有营养的垃圾；还有，城市修建了排水管道，地下水不进入八幡护城河了；更由于堤坝的建造，附近小河的水不能流进来了等。于是，当时青年会议所的理事长川端五兵卫先生站出来倡导住民运动，开始了八幡护城河再生和周围景观建设的计划。

有一段时间，因为八幡护城河被淤泥污染，凤眼莲蔓延，政府部门提出了填埋河道，改成停车场和道路的方案，工程也开始动工了（图 4）。那时候，从事小撙运河再生研究的专家们对此提出了忠告："填了护城河之后你们就会开始后悔。"虽然我们也想过："是啊，这是我们自己的护城河，让我们想想办法吧。"可是，市政府当时是道路推进派，对反对的声音根本不予理睬。不过，后来淤泥疏浚的时候，也有行政职员以市民的身份参加了我们的行动。

关于那时候的情况，川端五兵卫先生（1998 ~ 2006 年任近江八幡市市长）在他的著作《城市建设无边界》（行政，1991 年）里，曾有过记载。如果想阻止工程，首先要和政府部门进行各种各样的交涉，因此需要富有耐心地去说服行政方和周围的市民。最初的参加者是少数派。尽管如此，终于有人凭着"我要做先行一步的少数派"这样强烈的决心开始活动，说服了市政府和国家，今天的八幡护城河开始了再生，活用、修理景观的计划。

图 5　奋斗在淤泥疏浚现场的市民（1975 年，提供：近江八幡青年会议所）

"八幡护城河保护会"至今还在继续工作，进行着清扫和植物保护、水质净化等活动（图 5），真是非常令人欢欣鼓舞的事。今天它的周围也成了文化厅的传统

图 6　樱花盛开的八幡护城河（现状）

建造物群保存地区，景观修建也在进行，形成了宽松的护城河氛围。

市区两端的八幡护城河设有水闸。水闸的外形十分简陋，真希望把它变得再漂亮些就好了，因为虽说是水闸，但也是一个重要的景观。由于琵琶湖搞综合开发（从 1972 年开始，花费 25 年），影响到八幡护城河自身的水位降低了。因为想大量地保存水，所以把琵琶湖的湖底挖深了。琵琶湖综合开发本身作为治理水和利用水利方面虽然做得很好，但是过分采用人工的护岸方式，可以说生物环境的保全和再生方面尚未做到。

我认为，有必要重新设计八幡护城河的水闸，重新考虑让琵琶湖的鱼和鸟、微生物等也能够一起进入护城河的功能。当芦苇繁茂的西湖和北之庄湿地的各种各样的生物也随着水流一起进入八幡护城河，穿过市中心的街道、住宅区，然后流入琵琶湖，当水边各种场所生机盎然，日常生活的场所和自然密切相连、融为一体时，才是八幡护城河应有的形象。

以西湖、北之庄湿地、八幡护城河为中心的自然和群体景观——“近江八幡的水乡”，在 2006 年 1 月被文部科学省指定为重要文化景观第一号。同年，近江八幡市北之庄町周边地区又获得国土交通省的城市景观奖——“美丽的城镇大奖”。

为了不让垃圾流进八幡护城河以及琵琶湖，北之庄町的“北之庄湿地保护会”每周都打扫北之庄湿地的垃圾。听说最初的垃圾有几吨之多，也许因为这个成果而受奖了吧。

美丽的景观需要依靠人的行动来维持。

●朝着自然再生的方向

日本在第二次世界大战的战争中和战争后粮食困难的年代里，很多地方开始垦荒。在琵琶湖的内湖也进行了垦荒，湖面积从战争前的 2907hm^2，下降到 425 hm^2。在减少耕作面积的政策出台后的1969年到1970年间，近江八幡还有人在琵琶湖的内湖进行垦荒。虽然湖底变成了田地，但是在低于琵琶湖水位的田里种植的作物味道很差，在老龄化的进展中，许多田地又被荒废了。

这是琵琶湖畔的津田内湖。作为我的研究和教育基地的就是这个内湖垦荒地。从1997年开始，我和学生们着手调查，希望设法再一次使内湖实现自然再生。内湖和琵琶湖同样，曾活跃过用簖（拦河插在水里的竹栅栏，用来捕捉鱼、虾、螃蟹）捕鱼为生的渔民，更有淡水珍珠的养殖，用大眼鲫鱼制作鲫鱼寿司（最有名的滋贺的乡土料理）等职业。我们必须了解他们的过去，包括植被，包括鱼和鸟、昆虫等生物，也包括祭祀在内的人的行为。

在“思考内湖未来的专题讨论会”上，为了筹划内湖的未来，请来了解当年情况的当地人为我们做了介绍，而这些在战争中和战争后做出了贡献的人都是高龄者了。于是，不仅津田，包括周边曾经是内湖垦荒地区的人们也都纷纷要求快点召开意见听取会，调查的范围不断扩大（图7）。我们发现有许多内湖的生物种群已经有濒临灭绝的危机，有人提出在滋贺县建立“整个湖国的生态博物馆”。既是为了保护这些生物，也希望发挥意见听取会的作用，从能够实行自然再生的地方开始我们的努力。

而且，内湖不仅能利用芦苇等水边的植物来净化湖水，它还是琵琶湖固有鱼种的产卵处，是幼鱼的活动场所，也是鸟儿的筑巢场所，我说过：“如果把内湖比作人体的功

图7　思考内湖未来的专题讨论会

能器官，那就是肾脏、肝脏、子宫。”

关于津田垦荒地区，因为堤坝本身是临时堤，所以，如果把它挖掉，改成平缓的自然护岸，把水放入不就能实现内湖再生了吗？我正在仔细推敲这些设想（图 8、图 9）。

图 8　津田内湖垦荒的现状

图 9　津田内湖再生的构思图

座谈会

发挥水边的游玩之心

柴田 IDUMI 我认为阵内先生说过的“游水”，也就是玩水，那种感觉非常重要。在巴黎的塞纳河也有定期举行的，名为巴黎海滨沙滩的活动项目，就是在一个规定的期间，停止巴黎塞纳河沿岸高速公路的通行，将它全部作为步行道向市民开放。这期间允许在那里搭起临时的帐篷，放上躺椅，在河边尽情玩耍嬉戏。

我到滋贺县立大学赴任之后，就立即考取了小型船舶驾驶证，目的就是为了定点观测琵琶湖的景观。我从 20 世纪 70 年代开始驾船入湖观察事物。阵内先生呼吁水边的重要性，不仅提倡观察，还要把水上休闲活动结合进去，不过，我们能够改变现在的水与人的相处方式，使人和水边的关系更加密切吗？

阵内秀信 我认为非常困难，但开始有人付出行动了。刚才也介绍过了，寺田仓库所在的品川的 TY 港湾，第一次出现了水上餐厅。我们正在努力接受来自民间的方案，很好地去利用水边资源。日本各地都出现了岸边咖啡馆的流行动向。民间的 NPO 成为推进流行的中心；在广岛和名古屋，岸边的露天咖啡馆初次得到了认可；只是，东京的“墙壁”太厚了，这样的流行之风还难以穿透。

有一个委员会提出：在东京的神田川，不仅要治理水源，还要兼顾美观的意义，我也参加了讨论。看了他们的报告书后，觉得在河流利用方面，虽然提出了建立船只停泊场或据点的看法，但没有具体的形象。报告中列举了秋叶原和御茶水两地的例子，但缺乏现实的感觉。

关于“游水”这件事，我曾经和中村英雄先生谈过话，他是改造德岛市的新町川运河使它重现光彩的领袖人物。他告诉我许多有趣的故事，但归根结底是因为有游玩之心。包括在船上衣着讲究地享受美食等，人如果没有各式各样的快乐，就打不起精神，对于这些想法我非常理解。

柴田 无论搞自然再生还是城市建设都很难赚到钱，但使人快乐是很好的。为了使这场运动继续下去，我想这是必要的理念。

没有城市规划的城市

中村 我想把话题转到城市规划方面。

尽管我们曾经努力通过城市规划去建造人的空间，可是最近查看了东京的汐留地区的开发情况等，我发现作为空间的设计成果完全没有得到应用。汐留地区的开发在东京占有非常重要的位置，因为汐留的海滨位于潮汐、大海、内陆及河川之间。从大的意义上说，不仅是风，而且也把东京生态系的内和外从那个地点上分开了，可是，在这样的地方却完全没有实行城市规划。在不断被划分的一块一块的建筑用地上，建筑物是按照经济逻辑的需求而兴建的，令人非常遗憾。另一方面，感觉到我们这些从事建筑工作的人，最近几乎丧失了对城市规划的兴趣。

阵内 确实如此。从20世纪60年代到70年代初期，关于城市规划经常被提到，也有过很多的想象。大概，在大阪世博会以后，人们对城市失望了，城市的事情也不太有人提了。另外，在那个期间，大的公共事业的目标本身也消失了。也许政府方面也无法提及宏图大略的城市设想。一旦缺少这些设想，城市规划也就无法诞生。

说实话，像汐留地区，恢复和大海的相连，或者建立和银座的联系，如果在海外当然可以这样考虑。但是，在被划分的建筑用地中却束手无策，不可能有大的设想。

景观设计师佐佐木叶二先生曾经说过，他们能够从事的工作只有民间的土地。至于公共空间，例如街道、广场等具有公共性的开放空间的工作，若是在美国、荷兰，景观设计师当然要参与规划。他们平时就常考虑这些构思并提出方案，因为市民有机会接触这样的项目。但是，这样的事情在日本似乎非常少见。结果，即使民间的土地，例如在开放的空地中建造绿地，业主原本就不希望外人进入，只是设计上做做样子。当然，制度上也存在很大问题，必须改变思考，接受这种欧洲和美国的理所当然的做法，由政府引导城市建设的方向，结合民间一起干。如果不这样做，掌握技术的建筑师和景观设计师的力量在城市建设中就得不到发挥的机会。

中村 作一点补充，我觉得日本人在城市空间游玩的方法可以说太差了。古时候，人们经常乘船游玩，即使今天，我也认为坐在屋形船里，一边饮酒一边欣赏焰火是最好的享受，可是现在却很少有人这么做，令我感到意外。如果大家都开始到水边游玩，那个场所和空间就会变得更好，而且也可以帮助环境改变。

阵内 刚才大家看到了许多孩子们在台场玩耍的照片，从这个意义上说,这是非常好的现象。看到那里有大型活动的时候，真有点感动。听说巴塞罗那复苏的海滨规模很大，值得一看，我跑去看了，觉得很单调，没有什么奇特之处。我觉得，如果光看那里的话，台场公园可以说是非常好吧。

柴田 为了保护自然，对它的灵活应用也非常重要，也希望建筑师和景观设计师们把结合各地风土人情以及对历史的利用和活用方法引进日本。

3

应用农业来创造环境

生态村

以农业为基础重建村庄

系长浩司

将大量消费城市相对化的运动——“朴门文化”（Permaculture，可持续农业文化）正在世界上迅速发展。它是以被城市抛弃的、最基本的农业生产为基础，以可持续的生活方式为目标的运动。本文作者正在日本开始提倡这项运动，将根据世界和日本的动向，探索居住和农地以及和自然密切结合的生态村的可能性。

我在九州大学建筑学科的青木正夫先生指导下学习了建筑计划学，随后又在东京工业大学建筑学科的青木志郎先生指导下学习了农村计划，因此深入农村进行了调查和研究。在那里，我了解了今天要介绍给大家的可持续农业文化和生态村问题。

众所周知，包括产业结构和围绕生活的社会结构，关于怎样重组其近代的构成原理已成为课题。这也是与可持续农业文化产生关系的关键，为此，怎样建立他们之间这种“关系”，以及怎样在设计中安排落实，都成为当前的问题。这种关系是来源于自然界在漫长的岁月里建立起来的结构。另一个是和全球化及环境问题有关的事，要联系当地的情况。

什么是生态系统

这次谈论的主题，是成为生态学和朴门文化基础的生态系统。首先，从生态学讲，最初由植物接受了太阳的光。在系统上称植物为“生产者”。动物作为消费者来消费生产者制造的东西。而微生物则分解消费者的废弃物和死骸。从物理上说，这一切也需要土和水，而这三者是循环的（图 1）。

今天的主题“农”，在这三者的循环系统中，尤其是从微生物到植物的部分，可以说完全承担了至关重要的作用。是农业提高了这个系统的生产力。

关于生态学也有各种各样的意义。法国的哲学家菲力克斯・瓜达里把生态学分为三个部分，它们是：自然生态系统的生态学、社会的生态学，以及精神上的生态学三种。我认为这个生态学的概念是主导 21 世纪的思想之一。另外，心理学家肯・威尔伯曾经是新时期运动的领袖，他提倡“统一的世界观”。其内容：就像物性、感性、才智、精神性那样，超越了单纯的感受、认知。如果从禅理上说，既包括了精神的平静，又是制造东西、建造环境时的思想。

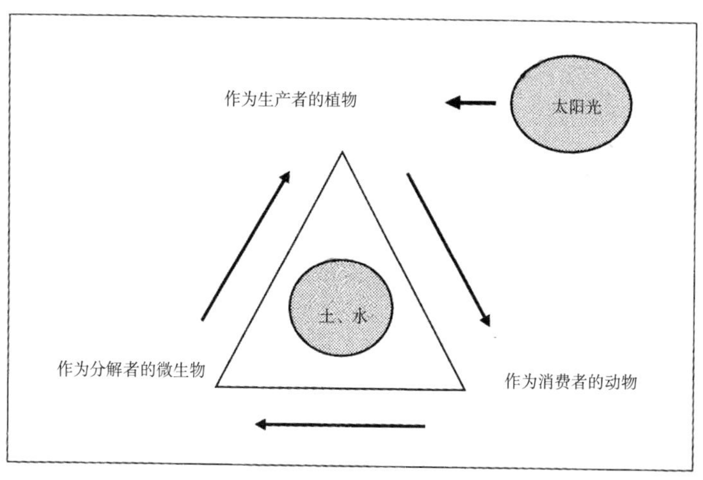

图 1　生态学、生态系统的构成要素

地方的对全球的

根据以上内容，来谈谈地方和全球化问题。生态村的定义含有“再定居”的意思。在这方面，通过维持场所的地方性并活化它，以对抗介入世界市场的资本全球化趋势，作为一个地域独立存在下去是有必要的。我认为，这件事情本身无论对地球还是对人类的生活都有好处。这是生态村在另一种全球化中的定位。

这个图的横轴表示时间，纵轴表示人口增加和能源消费量（图 2）。如果看这个图，你会看到近代产业革命之后人口和能源消费量的大幅度增加，而在某个时间点，从地球环境的容量到达极相（ C limax ）状态（极相又称为巅峰群落或顶极群落。在一区域生态系统中，生物群落生长至稳定期或成熟期，群落优势物种完全适应该环境条件，此段时期称极相）。

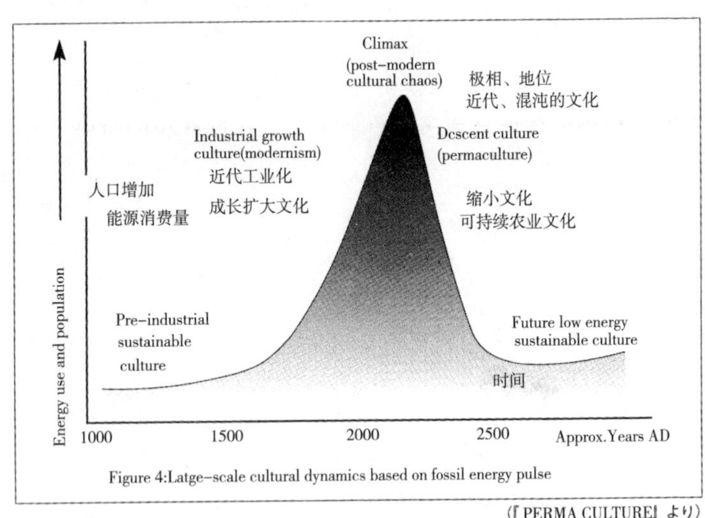

（『PERMA CULTURE』より）

图 2　大卫·洪葛兰（朴门文化创始人）的下降文化和可持续农业文化图

人类想应用近代科学技术来维持这个极相，打算用更少的能源来维持与现在同样的舒适性，但是看来状况十分艰难。面对这种情况，人们认识到这个极相的持续性不可能实现，因而考虑转向下降和缩小的局面。在这其中，考虑人的幸福感和能源及环境的和谐是这个图要说明的意义。

所谓地球环境容量和能源消费量能够均衡的可持续文化，如果用这个图说明，就是指 2500 年左右的状态。例如，用江户时代的日本社会曾经拥有的持续性作为形象也许可以说明。不过，最危险的事情是轻易地使用“可持续”这个词。还是要用比较长的时间，慢慢地朝着那个方向采取软着陆的方式，才是 21 世纪初期应该做的事。因此，“两三年后成为可持续发展的社会”这种说法是不现实的。那是政治性的谎言，是经济性的欺骗。

关于下降和缩小的问题，缩小文化论以各种各样的形式被人提出来。作为我们生存至今的时代，都把上升和扩大的文化视为正确的事物。不过，关于成长是理所当然之认识已经过时，如今该称为成熟期。在这个成熟期里，不是继续维持上升的成长，而是逐步地放慢速度，为实现成熟社会而建造事物和建造环境是越来越重要了。当我这样说的时候，并不是强调温故知新，但我们可以思考一下距离今天 200 ~ 300 年前的节省资源和节省能源的生活。那个时代不是单纯地制造东西，在建立人的关系方面也有许多值得我们借鉴之处。

在地球上开始新的“再定居”

这里就刚才的有关非传统的全球化问题进行说明。每年，发达国家都聚在一起，召开关于商谈世界经济方向性的社会经济讨论会，而反对他们的 NPO、NGO 团体也举行反对的讨论会。这是要求根据市民的标准去改变全球化的运动，其象征性的内容，是由于第三世界国家从世界银行等处借了钱，而受到世界银行强加的政策压力，所以产生的反对运动。

这种现象在法国表现得特别热烈，现在正在法国举行的运动，目的是要求提高对于国际证券交易上涨利益的课税率，让这些资金回流到第三世界国家。这是意图对抗全球性的企业。另外，意大利的哲学家兼政治家安东尼奥·奈格里主张说："不是指大众，而是把有知识的群体称为'群众'，这些拥有知识的人群把地域的卓越性发挥起来，重新尊重合作性和共生并建立社会。"我认为，不要把社会生态学局限于哲学的领域，像这样在地球规模的全球化状况下，怎样考虑地域的计划是重要的课题。

有一个与它相关的词是"生命地域"。这是"生命、生态"和"地域"的合成语，是生命地域、生态地域的意思，也是美国的诗人兼哲学家加里·斯奈德在倡导的词汇。在他的著作《给想象行星未来的人们》里这样写着："我们在地球的某个地方建立住所这件事，是因为要在那里定居，今天必须要做的事，就是在那里又一次再定居。"就是说在理解地域具有的力量和生命系统等基础上，重新在思考意识上再定居的事情很重要。可持续农业文化和生态村如果从这个意义上说，是人类从意识上再定居于地球。如果从其他意义上说，在与环境的协调配合中，建筑和社会的综合性规划都非常必要。对于应用在综合性规划中的这个可持续农业文化，我很感兴趣，为了追求它的理论和实际应用，正在和朋友及 NPO 法人建立关系，尝试在各种方面进行实践活动。

何谓可持续农业文化的规划

我认为所谓的可持续农业文化规划，可以说，是为了建立有农业的、可持续性生活的规划方法论。这是"永久的"、"农业的"、"文化"的合成语。

所谓农业，如果用刚才的生态系统来说，就是掌管那个循环系统的人类的活动。今后，应用自己的智慧和勤奋，去设计自己生活环境的事情将变得很重要。这件事可以说是“农民的规划”。为什么这样说呢？因为农民为了生产食物，首先要平整土壤，还要砍伐山上的树木，制作堆肥等，要从事综合性的工作。百姓的原来意思是指农民们掌握有“百种技艺”，他们率先自己建设自己的生存环境。这些成为地域的资源和传统的技术，和现在人们议论的适当技术和中间技术的观点也有联系。

这个图的上部是单一耕作法，是伴随着近代的国际分工而建立的食物生产、运输、加工、消费的近代合理系统（图 3）。

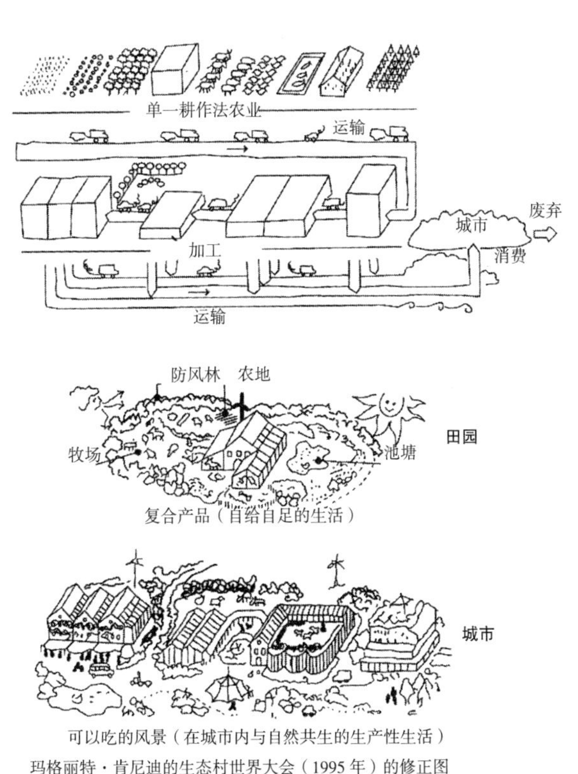

图 3　单一耕作法农业、复合耕作法农业和生态城市

这些分工产生了各式各样的问题，最终要人类付出代价。我并不是否定一切的国际分工，但是，对比在一个地方大量生产单一农作物的单一耕作法，图的中间部分是采取栽培多品种的复合耕作法，它将维持环境并形成必要的食物和舒适生活的环境。这部分的图表示综合地活用农村地区原有的资源，实现自给自足性高的生活。当然，农村承担着为城市提供食物的任务，但是，那个地区本身应该有效地活用地区的资源环境和农林环境，达到自给自足是这一切的前提。这张图的下面部分是城市的形象。城市和农村山村一样，也会下雨刮风。所以，不仅仅要求与环境共生，更重要的是，把环境生产型的生活，即能源和食物的生产等动态的生产要素附加到城市里。

如果看到十多年前的可持续农业文化的杂志封面，你会见到：屋顶绿化的地方饲养了羊和鱼，还栽培着蔬菜。公园是地区社会的庭园。这种情景被称为“可以吃的风景”。如果是通常的风景设计，一定要求有美丽的鲜花、有高低起伏的地势，但是在今后，可以生产食物将成为它的主题。可以说是把农业的观点应用在生态城市里的例子吧。

从澳大利亚开始的可持续农业文化

可持续农业文化，发祥于20世纪70年代的澳大利亚，是塔斯马尼亚大学的比尔·墨利森和他的学生大卫·洪葛兰两个人开创的思想。

在澳大利亚的土地上，作为原住民的土著居民早期曾在这里居住过，因内陆性气候导致沙漠扩大了，离海岸近的地方处于亚热带气候带上，是植物繁茂的环境。欧洲人作为殖民者移住到这块土地上，但他们只知道畜牧业。为了从事畜牧业和农业，他们砍伐树木，培育牧草，在那里放牧家畜。由于长期的家畜走动踩踏，土地渐渐被压实了，终于连牧草也很难生长了。因此,他们需要更大面积的牧草地。说到收获物,就只有牛奶和加工品的奶酪以及肉。他们意识到这样下去不能长久维持生存，为了再一次恢复森林，使人类能够在那里再定居，他们思考了应该怎么做的问题。于是，他们把学习生态系统的农业放在核心位置来考虑，导入世界循环系统的农业，建立了可持续农业文化。

这个图是生产一个鸡蛋必需的系统（图 4）。上图说明，为了修建鸡舍、准备必要的食料、暖气能源等资源，以及加工这些需要一个系统。这是根据近代的分工原理设计的一个鸡蛋的生产系统。这样的系统产生的结果是造成了被饲养的鸡精神紧张，为了消除鸡的精神压力，再给它们进行荷尔蒙注射等各种药物治疗，也就是家畜的药害现象。人又去吃那种蛋和肉，就是这样产生了恶性循环。

今天,保障家畜生存权利的“动物福利”正在欧洲被提倡。

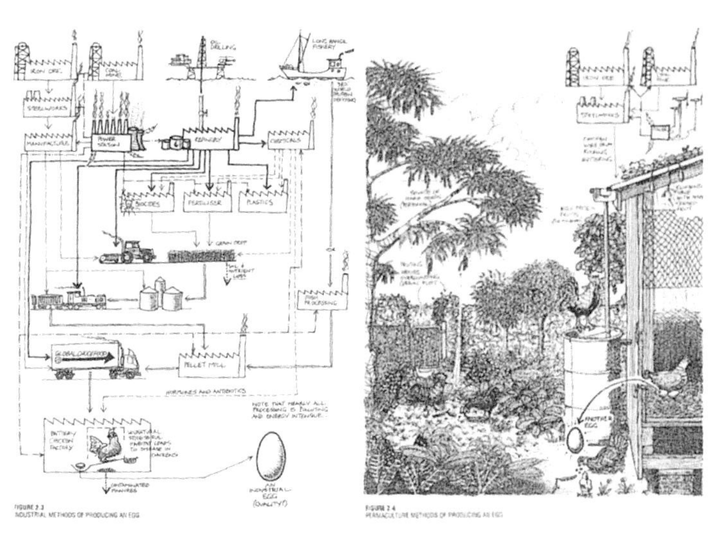

图 4　根据近代分工原理设计的一个鸡蛋的生产系统和根据动物福利要求之间的对比（出自比尔・墨利森《可持续农业文化的手册》）

所谓家畜也有保全其生命权利的深奥的生态学之思考方法，和人吃的东西必须是健康的想法相符。其中包括生理意义上的健康和精神方面的健康。家畜也有思考，如果环境恶劣，和人一样，心理和生理也会生病。对于家畜来说，也要求活在幸福的环境里，人类要吃这样的家畜，这种观点在欧洲受到强烈的主张，图 4 是它的形象。作为战略方针，在欧洲出现了根据动物福利生产健康的农畜产品，提高市场价值的变化。

可持续农业文化的规划原则

我来介绍一下可持续农业文化的几个规划原则。

一个叫“关联性”，就是考虑有“关联”的部署。如果以养鸡的事情为例，鸡舍建在哪里？建成什么样的形状？说到这些的时候，“关联”就成为关键问题。鸡在吃食的时候会刨土，把粪便拉在那里，过两三个月就成堆肥了。这也可以称为鸡的耕耘。在那个地点人如果种下苗，苗就成长。所谓“关联”就是这样的构思。

另外，鸡会产生热量，所以在它旁边搭个塑料大棚，就可以作为热源使用。还有，如果把鸡粪堆积发酵就成堆肥。或者，如果挖个池，鸡所排泄的粪便就成为鱼的食料。这种方式在越南等国家叫“补偿系统”，采用养猪和水产养殖及果园组合的方式进行。在印度尼西亚也看到有人把鸡舍建在池上。像类似的手法,把麻鸭和泥鳅放养在水田之类的例子也有。随着近代化的发展，这些事物之间的关联全部都被切断了。

第二点具有多功能性。一个要点必须同时承担三个以上的功能。例如在农家宽敞的宅地里可以看到的树林，它有抵挡暴风的作用，树下成为香菇栽培场所，更由于树的作用，宅地上的水分被吸收，对土地的水分调整起了很大作用。由于功能不是一个，而是像这样使它具有三个以上的多种功能，所以其要点就带来很大的意义。从建筑上说，它不仅要求墙壁具有导入或遮挡光和热的作用，还要与发挥其他功能的事物联系起来。这么一来，各种各样的构思不就从中出来了吗?

第三点,应该把许多要点组合起来支持重要的功能。例如，阪神淡路大地震的时候也出现过这类问题：由于近代的城市只依靠一根水管,所以水管一旦被破坏,就全部陷入断水状态。与它相比，我调查了中越地震，在农村地区的水源是沼泽水和井水，种类很多，燃料也很丰富，所以，一周左右的自给自足完全可能。

依据场所特点进行的规划

可持续农业文化原本从小农场建立自给自足环境的目的开始，出发点就从人居住的住宅开始考虑。为了使人能够做到尽可能地节省能源，不费劳力地建立自己的自给自足环境，要花费许多心思。例如，离住宅很近的地方（区域Ⅰ）是培育蔬菜类的区域，区域Ⅱ是多少需要照看的鸡和鸭的饲养区域。然后是果园、放牧的空间等，按照劳作的自然空间顺序，从住宅往自然区域分布。就这样，根据自然和人的生活的关联程度进行区域规划。

其次是成放射状（扇形）划分区域的想法，如果从建筑上说，相当于太阳能的利用。另一方面，背阴处也有意义。湿润的地方是栽培香菇最适合的环境。若是夏天，通过有效地利用北侧的凉风，也能减轻冷气的负荷。关于可持续农业文化，是在理解一切环境的基础上，考虑怎样在规划上去实现它。首先，调查场所的特性，再把它联系配合起来进行规划。为此，观察就变得很重要。这方面与我们从事建筑行业的人想法正相反。对我们来说，觉得观察摆在第二层次，大多数场合，想建什么，规划要先提出来。

图 5 屋顶绿化，（被动式）太阳能供暖的自动化建筑

新西兰有个名叫乔的人正在搞可持续农业文化教室，他的家（图 5）是个屋顶绿荫覆盖的自动化建筑。暖气用的温水从墙内穿过，房子周围建立了可持续农业文化花园、香菇栽培等农业空间。对于把城市产生的厨房垃圾和农村生产的废弃物进行沼气发酵作为能源使用方面，欧洲表现得十分热心。在可持续农业文化的规划方面，听说将要规划有效利用有机物的循环系统。

林间动态

如果观看时间轴和生物量成长轴的图表，就会看到生物量呈逐步上升的状态，直到最高峰。这是生态系统的最终状态。如果仅有这个最终状态，人就没有东西可吃了，因此要对农业自然进行干扰。例如，在种稻之前为了促进稻子成长要整理土地，收获后又再次翻弄土地。因为土地的生物量是回到了零又再次重复，所以它是对于自然的干扰和破坏行为。然而这就是人类从事的农业。

在林业方面，如果要把村子周围的山林进行更新，需要用 30 年左右进行分批采伐。若是杉木和柏木，则需要采伐 80 年左右。关于人类从事的农林业，尽管也是自然变迁中的一部分，有时候这种变迁也会被强制终止。城市是人造物，所以生物量为0。另一方面，在自然界里，如果突然发生火灾或山林火灾，那被烧毁的部分将从0为起点，与剩下的环境结合，创造出另一个丰富多彩的新环境。最近把这种现象称为“林间动态”。达到顶点（最终状态）不是自然的状态，各种各样变迁阶段的状态混杂一起的模样才是自然的本来面目。

我认为，如果有顶点也就有0，我们今天需要做的，是把1年、10年、30年、80年里各种阶段的变化共存的状态放入城市和地域，利用各种状态的组合，建设起富有生机的城市和地域。

地区社会庭园

在欧洲国家中，正在推行地区社会庭园和地区社会有机肥料运动。例如瑞典的郊外住宅区重建事例（图6）。住宅区里有居民们使用的温室空间，建筑物外侧还有菜园和堆肥场地，在入口处也有地区社会庭园。

在伦敦的国王十字街少数民族们居住的地区，有专门圈围出来的地区社会庭园。住在周围的人们都把它当作自家的庭院，成为种植蔬菜的环境。

这是伦敦的市民农园一角（图7上），这道围墙的对面是城市农场，饲养着家畜。家畜粪便制作的堆肥供市民农园使用，形成了循环系统。下图是其他城市农场的内部。

城市农场的作用，是在地区社会生产有机肥料，

图6　拥有温室空间的瑞典郊外住宅区

图 7　伦敦的市民农园和城市农场

图 8　在城市农场推行的地区社会有机肥料运动

它成为把当地的厨房垃圾变成堆肥再返还给土壤的据点，又是具有环境信息中心作用的场所（图 8）。对于这样的城市农场运动，还能得到来自 EU 的地区社会赞助费。

英国的环境教育中心 CAT

这是和生态村有关的内容，我来介绍一下英国威尔士地区 CAT（Center for Alternative Technology）的情况。据说大约 30 年前，一些年轻人想在山里面建立生态村。他们迁到那里居住，开始建立起村庄。现在，那里成为环境教育中心，人们从世界各地纷纷来到这里，想学习环境、太阳能等技术。这里使用的能源由风车、太阳能、水力提供。建筑物也是利用自然原料的生态建筑。他们自己夯土垒墙建造房屋。因使用太阳能，所以能源效率非常好。沿着房前屋后散步，可以看到周围的有机庭园、可持续农业文化庭园（图 9）。

CAT 位于德比流域。如今，威尔士地区正在进行着刚才

图 9　CAT 安装了太阳能的生态建筑和可持续农业文化庭园

提到的，生物领域上的流域保全和活性化战略以及地区的社会经济复苏运动，CAT 也成为一个据点似的设施。30 年前迁到那里居住的年轻人们，兴建了那个地区的新的环境企业，现在正积极地参与地域的保全和建立环境、社会再生的据点。他们还担任着州政府环境开发事业的领导。这一切工作都通过民营公司开展，这样的事只有欧洲才有，这方面和日本有很大的不同。

生态村

生态村的做法，是在尽可能紧密地把人数集中起来的情况下，来实现工作、闲暇时间、居住、人的关系、持续性等与人类基本生活有关的事。怎样使农村变得生机勃勃之课题将成为我们的研究方向，从城市方面而论是发展生态村式的生态城市，而农村方面，则是怎样在原有的村落实现生态村化，或者是在农村创立新的生态村。

丹麦等国家在这方面有积极的行动，这些地方的生活便利型集合住宅的建造正向生态村发展，逐步朝着建立世界性网络（GEN）方向发展起来。关于生活便利型集合住宅的事例，有的地方还出现了买下工厂，把它改造成生活便利型集合住宅的事。

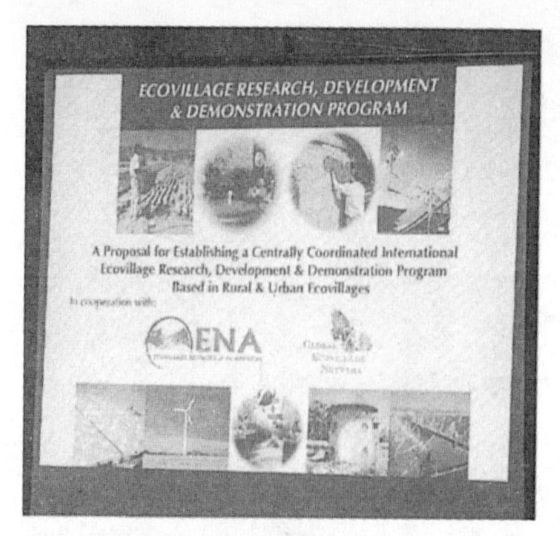

图 10　美国的生态村宣传画

这是美国的生态村集团的宣传画（图10）。世界组织（GEN）于1995年成立。2006年，我们初次在日本召开了国际会议，2007年也继续召开了。这是10年前的宣传画，内容是计划把非洲的原有村落改变成生态村。现在，为了进行生态村的规划教育，GEN正在制定教学计划，内容包括:世界观、社会、经济、生态学4个领域。

图 11　丹麦生态村里用双层塑料布和稻草砌块（俗称草砖，是采用稻秆经过机械整理冲击挤压后用麻绳或铁丝打包而成大捆状的一种新型墙体材料）搭建的青年公寓

在丹麦的生态村，你可以看到使用了10年以上的“双层塑料布”，他们还自己制造风车，用植物净化污水（图11）。这个生态村的住宅合作社还经营着用稻草块搭建的青年公寓。

丹麦的生态村，拥有400hm^{2}广阔的农地。他们自己生产有机农产品，通过物流单位在普通的超级市场贩卖。完全是灵活应用市场结构以独立自主的生活为目标。里面的工作人员也领取工资。

图 12　苏格兰的“芬德霍恩”生态村

苏格兰有个叫“芬德霍恩”的生态村，曾在这里召开过世界生态村大会，它是以精神方面的医疗系统而闻名的生态村（图 12）。

图 13　澳大利亚的“克里斯特尔沃特斯”生态村

还有澳大利亚的可持续农业文化设计师麦克斯等人设计建立的“克里斯特尔沃特斯”生态村（图 13）。这里的土地 80% 是森林，其余是牧草地。在牧草地里面，每户拥有 $4000m^2$ 左右的土地，里面修建了可以通行的道路。

美国在伊萨卡地区也有一个著名的生态村，是志愿者募集了钱自费创立的。生态村以生活便利型集合住宅为核心构成，计划里准备建立三个集合住宅群，现在已建成两个。这里实行以集合住宅为单位的生活，基地里还有农场。农场生产有机农产品，提供给公社。

这是伦敦的生态村（图 14）。它缺少粮食的自给性。它的建筑物利用高度气密性达到高度隔热状态。它利用换气筒的作用原理,形成了热交换率很高的室内环境。通过生态足迹（表示某个地域里，为了产生人们消费的食物和木材等生产资源和能源，所必要的土地面积指标）进行评价，来提高市场中

图 14 伦敦的生态村

的环境价值。如果我们能过着像这里一样的理想生活，那么只要一个地球就够人类生存了；但如果过着普通的英国式的生活，就需要三个地球的能量。所谓一个地球的生活，就是指节省能源、光热费用也低廉的生活。这种建筑物的建设费用是普通建筑物的 1.2 倍，但完全划算。南侧是住宅，北侧作为办公室。

日本生态村的展望

让我们来思考如何在日本建立生态村的问题。一种方式是现有村庄的生态村化，正在藤野进行的试验就是这种方式。我和同伴们推行可持续农业文化运动，努力至今 10 年之久的据点，就在神奈川县相模原市藤野町筱原地区。我们以 NPO 法人身份经营可持续农业文化教育的实践班。旧藤野町是保持着“艺术家摇篮”称号的城镇。我们和当地的老人建起炭窑

图 15　藤野的筱原村庄

烧炭，又把废弃的小学校舍利用起来，改造成自然体验设施和保育园及地区交流中心的综合设施，在村庄里建立了 NPO 法人组织来从事经营管理（图 15）。我们把设施提供给普通的旅游者或学生们住宿，或是供城市的孩子们前来活动使用。这里是水源地区，不能使用合并净化槽，所以使用细菌系列的有机物设置了净化槽。然后，根据当地艺术家的设计，使用本地的木材制作了桌子，又制作了比萨烤炉。

另一种方式就是在农村建立新的生态村，我称它为“后山生态村”。它是在发挥日本山乡特性的同时，从生产生活上实现当地自给自足生活和生态系统的再生为目标。我在想，如果有退休的人，有学习生态、从事环境事业的人，这些人共同在那里居住和生活，将会有怎样的感觉呢？作为空间结构，生态村里有住所和共同使用区域、学习区域、生产区域等一应俱全。现在,我正和一些企业共同策划着农村的生态村建设。并且，我希望由于生态村的出现，而在生态村内兴起与地区活性化相关的共同事业。

那么，要在城市里搞生态村的话怎么办？首先可以考虑住宅区再生的生态村化。现在我正和同伴们一起参与某个住宅区的再生计划研究，不过看起来现实还是相当严峻吧。倒是有几个社团提出了一些构思。

我想，如果能够建立由一个个生态村连接起来的结构，有农地有自然，或者把居住地和农地以及自然组合起来，实现刚才提到的林间动态那样的城市环境就太好了。这一切如果能够再连接山和海等，进一步扩大流域，那就更好了。

日本生态校园的尝试

大学校园就是一个城镇。我和学生们把建立生态学的环境和建造居住地的模拟试验放在大学校园里进行。日本大学的生物资源系位于藤泽市近郊，在那片 $50hm^2$ 多的广阔土地上，分布着校舍、研究设施、农场。我们把研究的焦点集中到一个角落里，根据可持续农业文化规划，推行建筑和绿地的生态环境建设（图 16）。

我们的工作，以 2001 年度的生物环境科学研究中心的建设为起点开始。利用沼泽的地形景色，根据生态建筑、生态风景的观点，规划了主要设施环境。应用“发挥自然力量”

墙面绿化和可持续农业文化庭园

学生实地采摘桑叶

以创作室形式，由学生和全国各地来的参加者，对稻草砌块建筑的外墙进行加工

开发利用植物净化污水的系统

图 16　校园生态村

的观念，以有效利用大地、绿色、生物资源建造环境为目标，我和学生们共同投入了许多方面的研究和实践。内容包括：地下冷气管道、地下水活用、诱导式长廊、可生产食物的屋顶和墙面绿化、利用植物净化污水系统的开发，可持续农业文化庭园的蔬菜、果树的栽培，利用稻草砌块、土、木材为素材的自然建筑等。那个研究中心完工之后，又继续实施作为环境设备的地下冷气管道和墙面绿化等带来室内环境调整的评价研究。学生们从居住者的立场出发,自己造房子建菜园，并维持和管理它，评价它的环境性能并改善它，也结合了环境建造、管理方法的各种配合。

为了屋顶绿化和墙面绿化，栽培了葡萄、猕猴桃、山楂、通草等可食用的植物。在可持续农业文化庭园里，为了固定土壤中的氮，引进了豆科植物、香草和共生作物等，也建立了混合种植型菜园、果树园，群落生境池（大量的水生昆虫、两栖类动物、鸟类等生存场所，用于对生物的生态观察和亲近了解）、灌溉用水渠。用烂菜叶子养殖蚯蚓和制作堆肥，用移动式鸡舍改造土壤，成为无化肥无农药的可持续农业文化庭园。其他的研究小组修了梯田，把鸭放养在水稻田里，作为小学综合学习的实践锻炼。

我希望通过自然、生物系和工学、建筑系的融汇合成，作为建造生态环境的一个模拟场所、体验场所、教育场所，继续将这个生态村维持、深化下去。

生态村鹤川的尝试

中林由行

作为建筑师，我长期从事社团住宅的建设，最近对生态村产生了兴趣。两年前，AMBIEX 健康住宅公司的相根先生提出了生态村的规划方案，我也在入居的前提下参加了这个方案研究。

鹤川位于东京郊外的町田市，在城市和田园的中间位置。因此，这里是挑战城市型生态村的绝妙场所。周边虽然在推行独立式空间的住宅开发，但还留有相当大的绿地。附近有个叫“武相庄”的纪念馆，那里是白洲次郎和正子夫妇在战争年代从事农田工作时修建房子的地方。

●在长期性基础上的实践

建筑的配置上有西向的 A 栋和南向的 B 栋，规划上作为一栋看待（图 1）。建设用地成丘陵状，建筑物依斜面而建。周围残留着同属一个主人的田地和森林，是环境非常好的地方。我想，将来包括这些土地，都可以根据可持续农业文化和生态村的规划，在长期性基础上进行实践。建设用地内有座经历了百年风雨的茅草屋，那是无人使用的空房，我们把它借来作为开会场所等使用。建筑物是第 1 种住宅专用地区，所以采用两个 3 层建筑重叠的形式，法规上按照地下三层地面三层看待。

●主题是健康和生态

建筑物采用混凝土的外侧贴上 125mm 的隔热材料，其特点是用烧焦的杉木（日本传统的建筑物外墙材料，把杉板的

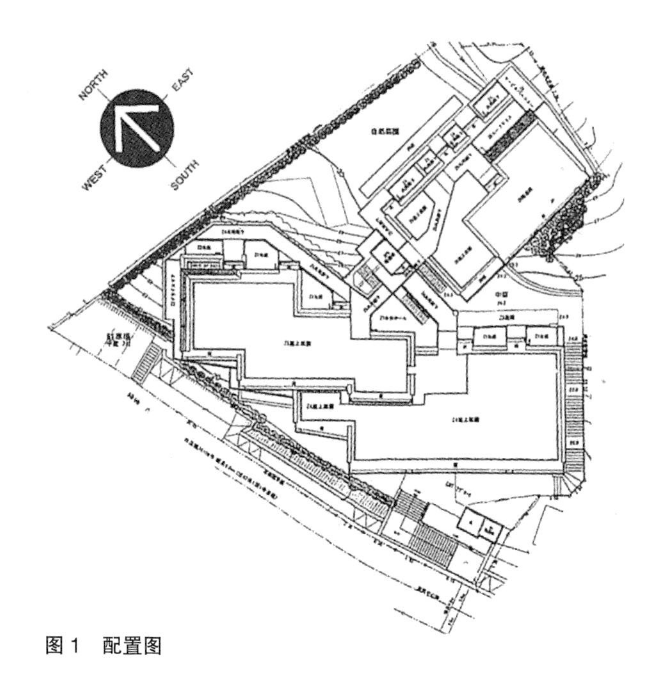

图 1　配置图

表面预先烧过形成炭化面）装修的外隔热方式。阳台部分也采取把梁从结构本体延伸挑出，在那上面铺上水泥板楼面，结构本体和水泥板之间塞入隔热材料，把来自水泥板的热传

图 2　外观

导完全地隔断。

在招租的宣传小册上有这样一句话："即使患有先天性过敏症及哮喘等过敏症的患者也能安心居住。"因为设计师相根先生原来就是专门为房屋过敏症患者设计房子的。有许多在普通房子里难以生活的人们参加到这个社团中，居住在这里的 29 户人家中，约三分之一的人是患有某种症状的。

从 2004 年 6 月开始招募入居者，半年中召集了 29 户人家。根据问卷调查，多数人对自然环境良好和建筑的主题有共同的感受。12 月，住宅建设委员会成立，一年后工地破土动工，又过了一年后工程竣，入居了。这个进度表可以说几乎是标准的。在这期间，我们举行了可持续农业文化的讲座，预备了烧制的杉板。2 年中召开了约 20 次全体居民大会，其他的 5 个部会每月召开，所以全部计算起来会议超过百回了。

为健康考虑，使用的材料以自然材料和安全材料为主，尽可能不采用合成板和合成材料之类使用胶粘剂的板材。另外，含有合成树脂的材料也尽量地不使用。因此，可用的材料受到很大限制，设计变得相当困难。并且，因为有几个人对电磁波过敏，所以设计中还要考虑避免电磁波发生，对于发生电磁波的物体设法控制等。然后，为了改善地磁场，还在地下部分铺设了炭。

在生态学方面，要求采用高耐久的外墙隔热、反梁结构、钢筋混凝土制的骨架；浇筑混凝土的时候也减少了用水量，浇捣出坍落度在 15cm 以下的坚固的混凝土，建造了被人誉为使用寿命可长达 300 年的建筑结构。在屋顶和地面菜园上的可持续农业文化的实践即将开始。安装了太阳能热水器，实行雨水利用，将厨房垃圾制作堆肥，对部分厕所采取有机利用等。又采取了以烧制的杉板做外装修以及外墙绿化、阳台绿化、车辆共用等措施。

●对于可持续农业文化的关心

因为有人提出了可持续农业文化的方案，入居者们也都赞成，所以聘请了在岩手县幌筵岛经营可持续农业文化农园长达 10 年的酒匂先生为讲师，举办了学习班。大家又认为这么好的学习机会只有入居者参加太可惜了，所以改为公开讲座，由建设委员会主办，举行了 7 次讲座，上午和下午的演讲内容相同；入居者们分工进行了准备，连临时托儿所也建立了，为了保证所有入居者都能有机会听到，分成上下午交替参加。每次都有 80 ~ 100 人的参加者。与会者还到幌筵岛的农园进行了视察，看到那里饲养着黑鸭（东亚产的一种水鸟，状似野鸭，雌雄相似，主要在夜间活动）和牛、猪，又采用蔬菜的有机栽培方式立体式地栽培着各种各样的农作物。

●居住者参与烧制杉板的制作

房屋地板的下面有 3 个部分铺了炭，它使地下电流的流动变得顺畅，使整个建筑物形成一个很好的地磁场。外装修使用了烧制的杉板。我们也研究过使用陶瓷或是金属的外墙装修等，但最终决定了使用烧制的杉板。居民们全体参加了烧制杉板的制作，费时半年烧制了 2700 片。经历了炉子烧、洗、打磨三道工序。

这里有 25 块屋顶菜园和 5 片地上菜园，周边以可食用的风景为目标，基本上种植了果树（图 3）。将来要养鸡，还考虑把原来发现了蜂窝的日本蜜蜂养起来。总而言之，打算和土地的主人相互协作，把包括周围的空间和地域环境在内的可持续农业文化扩展开来。几乎有一半的家庭安装了太阳能热水器，雨水都储存在地下。

图 3　屋顶菜园

●制定私家车辆共用的实践

所谓制定私家车辆共用就是说，假设居民 10 人拥有 10 辆车，处理了 8 辆将剩下的两辆作为共同使用的方式。在鸭川地区现在采用两辆车 6 人共用的方式。我们把费用作个比较就知道，一年的车辆维持费用，私家车是 37 万 5000 日元，租用车是 29 万左右。现在租用车方面也出现了车辆共用的方式,这种方式的年间维持费用是 24 万左右。和它相比，制定私家车辆共用的方式只要 17 万就够了，费用上是最便宜的。

有几位居民希望安装有机利用式的厕所，也非常认真地讨论过。但是，发现存在很多问题，例如光是这个造价就要花费 100 万日元左右。另外，建筑条例上还规定安装水洗厕所是必须执行的义务，即使设置了有机利用的厕所，也要多余地再装一个水洗厕所。大家也想在会议室安装有机利用的厕所，结果无法实现，只有我家想方设法地装了一个。

有机利用的厕所地板下面有不锈钢制的发酵槽。它和今天的富士山山顶小屋的厕所里使用的产品一样，是把微生物引种到锯屑里，利用这些微生物分解粪便。分解时间大约 24 小时就能结束。普通的楼房因发酵槽太大进不去，这里的房子因为是反梁的结构，所以可以安装。尽管如此，还是比普通的楼层高度提高了 20cm，才勉勉强强地安装上了。

●生态村的活动和情报通信

如果以我的观点来整理关于生态村必须具备的要素，认为有 6 点：居住性、管理性、舒适性、环境性、食物生产性、精神性。当然，这六点都不是说非有不可，但它们各自成为生态村的特征。我们决心在鹤川进行各种各样的挑战，饲养家畜等事情将是今后的课题。另外，我认为精神性也是非常重要的需求，类似的冥想、内省等方法若有可能也想试试。

实际能够做什么还要看今后。健康的住所、绿化等硬件和居民的合作基本上已经实现了。今后想在自主管理、农作物的自给自足、循环性生活的实践、自行车共用、建造群落生境、节能的生活方式等方面进行挑战。在我们的生态村里，有一个人想开自然食品店，还有一个人想办托儿所。也有人出点子，建议用土地主人的那栋茅草屋开一家自然食品餐厅。

在继续进行生态村活动的同时，怎样把这些事、这种思想作为信息向外界传递？这也是我们今后的课题。

座谈会

林　昭男（主持人） 今天围绕着可持续农业文化的主题，对于自然和农业及生活方式之间的关系，或者是在今后的城市和资源问题、人口问题中，能够显示怎样的方向性等内容作出了提示。我认为它不仅是建立自然共生型地区这一件事，背景上还具有更加社会性的意义。另外，它作为生态村不仅是一座建筑物和土地，也可以认为是拥有农地的同时自己又在城市生活的，一种新的郊区与城市的关系。

那么，对于今天的谈话内容，有什么意见请发表。

为了生活在可持续农业文化的环境中所需的经济保证

会场 1 可持续农业文化的定义是什么？我认为，如果不弄清楚什么程度是原则，什么程度开始可以自由的话，我们的讨论可能出现偏差。

会场 2 我也在一边搞建筑一边探讨环境问题。我自己出生在农民家庭，成长阶段正遇农业不断衰退的时期，本来我是个长男,照理说必须继承农业。我的家乡就在离城市很近的地方，但现在有许多农地因无人耕作而荒废了。今天的农家都在超市买东西，因为在自家田里种植农作物远比超市的生产效率低得多。为了提高哪怕是一点点的经济收入，人们就放弃了农田到城市工作，用工资收入来购买青菜。依靠可持续农业文化生活的人从何保证其经济性呢？或者说安于经济不保的贫困生活呢？关于这方面实在很难理解。

系长浩司 首先我介绍一下可持续农业文化的内容和说法，刚才中林先生谈到的可持续农业文化的使用方法，单纯地说是作为有机农业的使用方法。可持续文化的开始是总体的概念。有建筑也有社会规划，统一性、综合性是一种特征。但是，国内外将可持续文化特定使用于农业的事例越来越多了。海外不像日本那样具有历史长远的有机农业和自然耕作法，所以有人认为可持续农业文化 = 有机农业；在澳大利亚，也有人把“多层耕作法”，即把厨房垃圾和碳成分拌在田里，边耕作边改变土质的方法看成是可持续农业文化。因此我认为，各人根据自己的理解在各自的意义上使用它就可以。就可持续农业文化这个词本身而言，创始人没有申请专利。也就是说不存在独占性，各人可以自由地使用。

其次，如果说到经济问题，就日本的情况而言，依靠可持续农业文化生活的农家基本没有。和我一起在澳大利亚学习了可持续农业文化的人，本身也没有说自己是可持续农业文化的农家。日本很早以来就一直从事着有机农业或自然耕作法，所以只是把可持续农业文化的设计加入其中。唯一依靠可持续农业文化生活的农家，应该是刚才提到的酒匂先生吧。酒匂先生原是千叶大学园艺系的毕业生，在新西兰学了一年的木匠手艺，开办了可持续农业文化讲习班之后，就真正过起了农家的生活。他一边当农民一边讲课,也组织旅游团。他住在岩手县的东和町，附近有个集团利用废弃的小学校舍开办可持续农业文化讲习班,他也担任那里的专职讲师。因此，就连那位酒匂先生也是依靠多方的收入来维持生活，这是现有状态。

为了实践可持续农业文化所必须依靠的经济结构

会场 3　以适合日本的农业为中心的生态系统失败后，我想只能靠可持续农业文化再次建立新的生态系统，但是，当这种文化付诸实践的时候，应当采用怎样的经济结构才能使它成立呢?

系长 首先关于“失败了”这件事，它没有完全的失败。有的自给自足的循环型结构在某些地区可以成立。我认为最重要的是拥有更加完美的整体目标。到那个时候，可持续农业文化将是非常有意义的事物。农协和政府推进的大型农业系统这件事物，已经可以预测到它的失败，因此，“有机农业推进法”如果成功，转而采用这种方法的趋势确实存在。具体地说，在藤野町花费了10年时间租用农地开办讲习所进行有关的摸索后，结果发现只依靠那里的农业生产不能供养里面的工作人员。那么该怎么办呢？就是利用讲习所的收入和卖面包以及农作物自给的方法来补充。作为一个完全依靠可持续农业文化的生产者来说，自立还是十分困难的问题。

怎样克服制度的不足之处

会场4 农业原本就有相当严格的限制，包括农地的买卖也有严格的制约，请说说具体应该怎样对应。

系长 有一个地点在滋贺，与林先生有关系的生态村项目。他们购买了琵琶湖附近的大片农地，听说起初想建高级公寓但遇到了一些问题，最后改成了从生态学角度进行规划的商品房计划。

我对此事进行了调查，又和当事人作了交谈，发现首先的问题是政府部门完全不予理解。因为购买了农地后又兼作住宅地这件事本身就缺乏制度上的理解。如果要从事农业，就必须成为《农地法》上规定的农家，但那是不可能的；另一方面，要在住宅地里搞农业，固定资产税将按照住宅地课税。也就是说，日本的法律制度本身还没有具备建立生态村的条件。

最糟糕的是没有农村计划法。没有为老百姓保障生活环境和土地利用的制度。因此，如果我们要搞生态村，住宅地的部分就要把土地转换成宅基地，关于农地就只能采取借用的方式。

最近，包括了农地法的修改，政策上有些变化，NPO 法人能够管理闲置的农地了。最理想的方式是生态村的农地管理采用一种 NPO 法人化的方式，以合理的分配来管理附近的闲置农地和当地的山林。

以刚才谈到的日本型农村的生态村计划来说，他们打算把 $2hm^2$ 土地中的 $1hm^2$ 作为住宅地，剩下的租用作为农地。要想把能够从事农业的空间作为公共基地，或是和农产品集市并在一起，应该怎样规划那块农地呢？需要考虑一个复合的方案。首先是建设村庄的问题。建设这种类型的村庄所需要的，有关土地利用的计划论、制度论、资金的支持论等，这一切在日本完全不具备。这是最大的问题。

我们如果把生态村作为一个企业来看待的话，怎么解决担保能力？向银行贷款的时候，怎么应对信用度问题？今后，从事社区商业活动时和实际进行生产活动时将会创办公司，或许采用 LLP（专业化物流商）的方式也不错。那时候的资金周转应该怎么做？的确，居住在生态村的人们可以依靠自己力量创办共同的企业等，尽管是农村，也能够通过创办共同企业，确保农村的农林地和福利系统的经济来源。这样一来，日本的生态村就有意义了。

鹤川也是如此，用现在流行的话说，是想过“乐活型”生活群体的城堡。城堡建立在那里，对于居住在那里的人们而言是非常好的事情，而对于整个地区社会来说，将关系到怎样的社会变革和地区变革？又怎样与地区的再生相关呢？这些问题却少有人议论。就世界上的生态村而言，发达国家的生态村也多与日本的模式相仿。

但是，根据世界生态村网络（GEN）统计，全世界好像有 15000 个左右的生态村，而其中绝大部分不是“乐活型”。其中也包括斯里兰卡正在举行的人人平等运动（以儒教精神为基础的非暴力民众运动）。他们为了促使旧村落再生，考虑怎样建立农村村落的自立体系，而以生态村作为改革的主题。非营利组织中从事人人平等运动的人们因此使用生态村这个名字，边学习各方面的知识边从事运动。

怎样使生态村坚持下去

林 我觉得现在谈的是非常重要的事情，中林先生是怎么看待呢？

中林 我也完全赞同。鹤川的生态村是停留在乐活型的状态结束呢？还是成为改革的一个模式呢？这是非常重要的事。在可持续农业文化中也有称之为城市的可持续农业文化的想法。利用城市中的庭院和阳台，根据可持续农业文化的思考来生产食物的手法很好。我认为城市里的食物生产的再建很重要。到乡下去建立生态村固然很好，但是对比起来，住在城里的人能够在自己的身边栽种自己吃的东西，这件事在今后将更加重要。我正是抱着这样的想法，作为其中的一个模式，去建立鹤川的生态村。然而，鹤川的居民们多是30岁左右的人群，他们真的能够一边工作一边把可持续农业文化持续到什么程度呢？是个未知数。不过，作为可持续农业文化的做法，听说也有一周只要耕作一次就能做好的方法。在拥有自己工作的同时怎样还能生产自己的食物？并且能够10年、20年地坚持下去呢？我很关心这方面的情况。

我想问系长先生，生态村依靠什么能够顺利维持呢？维持着的主要原因有哪些？每当我听到世界生态村的故事，就听说那里有作为人们精神支柱的领袖人物或蒙神眷顾的人物存在。我也听说过，因为有他们那样的人物存在，积极地带领众人奋勇向前，所以生态村得以维持之类的例子。如果没有那样的领袖，我们要在鹤川这样的地方一边坚持活动，一边建立能够向世界传递信息的基地，究竟什么是必要的呢？我想请教。

系长 有关社区的发展或对于环境的关心等各种各样的要点，之前在日本召开的国际会议上，伊萨卡岛生态村领导人利兹的讲话可以作为启发。我觉得重点在于“生活的示范”。关于刚才提到的乐活型，问题在于不光是自己在那里过着乐活型生活，自我满足之后就封闭起来，而是要意识到自己是在做示范。是把这个社区作为传递信息的场所，向世人宣告：“有一种这样的生活，大家怎么看待啊？”

另一个要点就是“主流研究”。如果从生态村长远的历史来说，它曾有反传统价值观念的嬉皮趋势。事实证明脱离了社会的少数派无论怎样努力都无效。因此今天我们要以主流、正统的方式去进行。像刚才不断地有人质疑的，包括法律和制度的问题等各式各样的疑问，都应当向国民作更加广泛地解说。这一类题材随处可见。例如说，住宅区再生的话题简直就是它的具体事例。像日本第二次世界大战后大量建造的、格式单一的通勤职工居住的市郊住宅区，这种受到限制的生活方式及其单调的空间果真好吗？而另一方面，有些地方则出现了“撤销郊外住宅论”。如果说，我们无法维持原有规模的话，怎样把更加舒适、有空间有环境的、良好意义上的“郊外缩小论”以生态村的形式展开，这个问题一定会成为极大的课题。

其次，世界的生态村还能够坚持存在下来，是因为后继有人。如果打算坚持 30 年，大家就能够努力 20 年，但必须传递接力棒。日本的村落现在有 14 万个，首先它们能够存留的原因，一定是以某种形式不断地培养了接班人。像住宅区那样的地方根本没有培养接班人吧？在住宅区里自觉地努力工作的人，只有上了年纪的曾经热爱城市建设的老年人，完全没有年轻人。难道在住宅区重建的时候年轻人也一起消失了吗？怎么办呢？这种情况令人担忧。因此，我认为最主要的问题是人才培养和地区的扶持政策。

还有一个趋势，就如我们前面介绍过的英国环境教育中心 CAT（Center for Alternative Technology）的做法一样，对于建立制度和景观创作而言，就是实现一种先进的功能。生态村将成为当地的生态再生和可持续再生的刺激剂，而发挥重大作用。

前几天，我和建筑师矶崎新先生谈过话，他说："改变现有的城市不可能。"他认为搞建筑和建设城市是把异物组合到那个场地上。由于那个异物的放置，因此从那个异物发出的信息和刺激就慢慢地改变了城市。

我们这次谈论关于生态村的主题，也不希望它被快乐地封闭在异物中，而是通过不断地将异物的不同味道传向周围，影响这个社会产生变化。为了这个目的，如果没有从最初的阶段就考虑在什么地方传播什么信息的话，生态村的努力就将结束在封闭的幸福中。

4

采用绿色来塑造风景文化

作为小城市的“庭园”

园艺师的观点是把人和绿色融为一体

三谷　彻

作者是著名的园林建筑设计师，与“建筑绿化”有着很深的渊源。的确，通过建筑绿化，也许能够减轻环境负担；而实际上，它的背后隐藏着历史上曾经出现过的形形色色的“绿化之浪漫主义”的思考。尽管如此，一定要求建筑绿化的场合，其方向性还是依据造园师建造“庭园”的观点。

大概有人认为我是一个园林建筑设计师，一定考虑过地球环境和绿化的问题，所以受到邀请了吧？实际上从我得到这个消息开始就感到非常为难。我在工作中真的考虑到环境问题了吗？抱着自我反省的心情，在此一边向大家介绍本身参与过的作品，一边谈谈我的想法。

对于建筑绿化的疑问

第一个要向大家介绍的是和建筑师坂茂先生合作的项目，名为“尼古拉斯·G·海尔克中心”，是作为高级钟表商品陈列室的建筑物。最初由坂茂先生提出方案，从一楼到十三楼的全部内部墙面实行绿化，由我协助设计。

进了入口处，直到最里面的通道，全部排列着绿化坛，当然采用了自动灌水装置，形成植物繁茂的墙面。作为建筑物的最有趣之处是商品陈列橱本身作为电梯，轻快地把客人带到主卖场去。当你乘上商品陈列橱电梯，在绿荫环绕中上下升降，可以立体地品味绿色和建筑物——坂茂先生的白色建筑空间的感受，给人带来愉悦的心情（图 1、图 2）。

图 1　商品陈列室的电梯在绿荫环绕中上下升降

图 2　从 5 楼到 7 楼的三层门廊上的绿化坛

但是，要把绿色编入计划的条件非常困难。绿化部分是半屋内半室外的状态，当季节好的时候要把百叶窗打开。对于植物的管理，究竟是在屋内还是在屋外的明确区分在技术上很重要。如果百叶窗打开，风也会吹进来，温度和湿度的控制十分困难。并且因为是商业设施，所以绿叶干枯了也不行，水滴溅落也不行，要在各种各样的条件限制下制造绿色。这个项目要求达到相当高的完成度，因为刚完工不久，所以经历的千辛万苦还历历在目。

为什么我对这个项目最初有过犹豫呢？在完工之后我也作了反省。为什么在自己的内心里对项目的定位不明确呢？我发现是因为自己对于建筑绿化这个事物抱有很大的疑问。

一般人都认为，如果对屋顶或建筑实行绿化，就能减轻环境负担。但是,如果站在园林工作的立场上则有不同的认识，觉得若不增加直接生长在地面的植物，就不能拯救城市，而且是不健全的。我们从事造园或园林工作的人从直观的立场认为："建筑之类的地方不搞什么绿化也可以。"

我设计的这个商业设施的这些绿色，不是活着的绿色，是人为地显示生动的绿色。照明设计师面出薰先生对楼房排列中优雅的明暗光线非常重视，而我不得不请求他："无论如何请设计亮一些，只管加大照明度，请用2000Lx的照明度。"整个建筑物从白天开始就采用相当强的照明度。因为在鹿岛建设的技术研究所进行反复试验的结果，表明在半屋内半室外的状态下生长的绿色作物需要很强的照明度。

对建筑绿化抱有抵触感的另一个理由，是多少有一点觉得：这样的设计好像是作为开发或建设行为的赎罪券（中世纪天主教筹集捐款的工具，天主教宣称以金钱购买赎罪券能够赦免原罪得上天堂）的符号使用似的，对我们来说也有一种被人利用的心情。我们希望消除绿色作为符号被利用的现象。

绿化的浪漫主义

如果问说，建筑的绿化是21世纪特有的现代风格吗？我认为不是。首先，如果通过建筑史的发展来看，我觉得建筑的绿化像是多次出现过的浪漫主义思潮之一。

我当学生的时候，正是超近代建筑的20世纪70年代和80年代。70年代经常出现的，阿基格拉姆集团（建筑电讯集团）不断向社会上发表的画面中，有过许多布满绿色的建筑。说实在的，因为我是东京大学建筑学专业的香山研究所出身，我曾经很认真地考虑过，认为建筑就应当以古典建筑为基准；所以我不明白，为什么建筑不和绿色融合在一起就不行呢？

这一次，在建筑绿化的潮流中，我再次审视了阿基格拉姆集团的做法，意外地发现了很有趣的现象。因为我注意到：每当建筑陷入某种闭塞状态时，就出现了建筑家们寻求园林和绿色的倾向。

不知为什么，在建筑里存在一种"对于崩溃的憧憬"。

虽然建筑以永远地存在为目标，但是就像彼得·库克所描绘的“世外桃源”那样，它表现了以近代工艺学建设的城市，最终被植物和森林侵蚀，就像被繁衍的霉菌吞食似的消失的状况。

图 3　萨尔瓦多·罗莎的“雅各之梦”（17 世纪 50 年代）

像这样的“对于崩溃的憧憬”，在历史中多次出现过，绘画就是其中之一。提起绘画，克劳德·洛林（1600 ~ 1682 年，法国画家）关于预定调和（根据德国哲学家莱布尼茨的学说：作为单纯的、相互独立的单位合成体的世界，必须根据神的意志，进行预定的调和）的绘画很有名，而萨尔巴特尔·罗萨（1615 ~ 1673 年，意大利画家）的画里暴风雨的场面较多。他的画里出现了很多由于暴风雨导致农耕地或神殿毁坏的画面（图 3）。这是绘画的重要侧面，对于绘画中表现的庭园带来了影响。

下图是改良后的模样，他认为住宅和繁茂的植物融为一体的样子最好（出处：John Loudon，‘A Treatise on Country Residences’，Gregg International Publishers）

图 4　约翰·路登主张的田园住宅模式

约翰·路登创造了绘画的大潮流，他主张说：村舍周围植物繁茂，完全就像无人居住，即将荒废前的极限状态的模样最有情趣（图 4）。某种意义上这也是建筑绿化的一种潮流。

（欧洲 14 ~ 15 世纪以意大利为中心的）文艺复兴运动和 17 世纪欧洲的一种过分雕琢和变态式建筑风格，用几何学表

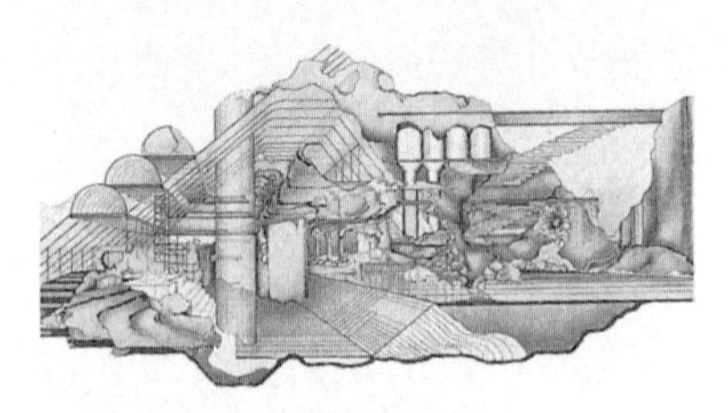

图 5　对生态式形状的憧憬

现了人的理性；因此，与之对抗的绘画有意采用迷宫似的曲线和蜿蜒的蛇一般的曲线去破坏它，而且充满了憧憬。

另一种是作为建筑无论如何不能具有的某种形状的憧憬，我想，在建筑设计的历史中一定有过“对生态式形状的憧憬”，这样的憧憬直到现在还在继续发展着（图 5）。近来，每当大量运用曲面的建筑出现时，就更加强了这种感觉。

当你看到建筑师大卫・格林的“Living Pod”① 的设计图面，就会看见如同人的内脏器官般的蜗居，像细胞一样地繁衍着，还有把克里斯汀・霍莉的建筑设备形状和内脏器官般的形状结合起来称为设备表现主义的形象。这些都是对于非建筑形状的憧憬。

如果追溯起来，哥特式建筑也是很好的例子。据说哥特式最终追求的目标是森林。由于支撑壁柱和拱顶的肋板在结构上发挥了很大的作用，所以渐渐地在整个欧洲被广泛使用起来了吧，最后传到英国的时候，哥特式给人的感觉像植物，

---

① 译者注：Living Pod 概念来源于苹果 MP3 播放器 iPod，意指整合复杂机能，以更便捷、更时髦的姿态满足使用者的要求。延伸到居住领域，即意味着进一步加大设计在普通建筑中的分量，利用科技化手段解决人性化问题，不仅有更丰富实用的生活功能，更让居住者在其中获得愉悦的审美享受。Pod 为“豆荚”，Living Pod 意为“豆荚式的生活容器”。香港著名设计师何宗宪的某项获奖作品也曾以“Living Pod”来命名。Living Pod 崇尚科技与人性之间的沟通融洽，追求极致的简单，而这种简单是通过复杂的设计来完成的，同时设计在 Living Pod 中得到了最大发扬。设计在 Living Pod 中占据主导地位，一切都是为了更简单舒适的生活。输入密码，家门就开了；一面电视墙，在客厅与卧室之间，跟随着你翻转；带有 MP3 数据接口的卫生间也能成为爱乐者的天堂……这些生活随想就在 Living Pod 设计师的考虑之中。Living Pod 还欢迎客户分享生活中的创意与感悟，通过不断改进与增加，让产品更加完善。Living Pod 是开放的、互动的、生活的。

呈树木的枝条形状（图 6）。已经不是建筑的模样。

一种很有道理的建筑上的优秀技术，为什么到最后变成了植物模式的装饰呢？此事确实令人不解，我想它也是我们必须经常注意的重点。

图 6　伊利大教堂

不要把土地、绿色和建筑物混为一谈

自己最近参加的工程项目具有怎样的意义？是否单纯作为建筑绿化来完成了？我想从这些反省中谈谈自己的看法。

这是 2005 年在埼玉县和光市竣工的“本田和光大厦”。它是本田公司的办公大楼，由久米设计公司承担了全部设计。此事从竞标开始就非常引人注目，因为这个项目要将 $10hm^2$ 建设用地正中央的三分之一，全部作为土方工程（图 7、图 8）。既要在建设用地内部处理土方，又要保证原来的工厂继续生产，还要建设新厂房，所以必须划分工区和工期。因此，就要有效地处理这大量的土方。

虽然这里建造了巨大的办公大楼，但是因为通道旁边规

（摄影：吉田诚）

图 7　建设用地正中央是土方工程

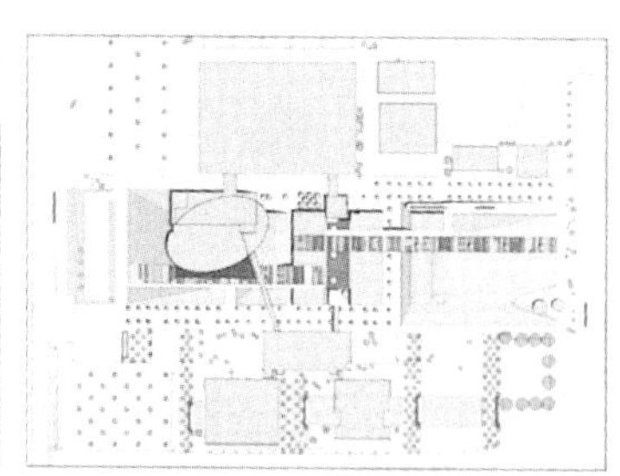

图 8　配置图

图 9　以“绿丘”命名的土方工程环绕着停车场

图 10　美国的生活杂志中登载的汽车广告

划了高高凸起、长 300m 的自然景观，所以建筑物带来的庞然大物感就融进了风景中，变得很协调。从建设用地的入口往里走，可以看到土地的纵深很长，并且逐渐地看到建筑物。沿着通道登上大山坡之后，就进入这些建筑物。

因为这个建设项目的委托方是汽车厂家，所以这个项目的重点部分是在建设用地的中央建停车场，它的位置就在用地规划的中心。以“绿丘”命名的土方工程环绕着整个停车场（图 9）。

有趣的是，汽车文化也和建筑相同，既是近代的工艺学，又和自然风景结合在一起。如果你看了 20 世纪 20 年代多次出现的、美国的生活杂志中登载的汽车广告就会知道，大众化的汽车广告里一定有这样的宣传语：“脱离城市到自然中去。”它是被当作那种文化的记号而宣传的（图 10）。

城市的汽车专用道路，公园式道路（道路设计为既是公园的一部分，又是可利用的普通道路），这些用语最初由奥姆斯特德提出的时候，也不是指能让汽车快速有效地行驶的笔直的道路，而是设计了沿自然风景蜿蜒起伏地行驶的道路。就是从历史来看也常能见到最尖端技术和土地、绿色等被配搭在一起的事例。

劳伦斯·哈普林在西雅图（美国西北部华盛顿州港口和工商业城市，临普吉特湾）建立了有名的高速公路公园，这也是希望把交通系统和公园并为一体的事例。

项目中要求我们园林设计师建设的是大量的停车场。这次的停车场位置安排在正中央，我们能够建设一个以美妙的大自然风光环绕的停车场。

在这里我们注意了一个问题：就是不想让植物和土地以及建筑物像倒塌或融解在一起似的完全成为一个整体。相反的，作为一种尝试，我们的目标是把近代建筑词汇中的玻璃和钢铁以及混凝土，与土地和植物之间的互相排斥又相辅相成到什么程度作个比较。

首先是在土方工程中创作大型风景。然后，我们把汽车文化包含其中，坚持保留以人为本的小空间，也就是说，怎样把庭园布置在其中？怎样组合？这些成为很大的课题。我们也请本田的员工对一年四季里按时令开花的“庭园”提出个人的方案，并规划了一条花圃，提供给员工们种植自己喜爱的植物，花圃就像一条长长的带子绵延地伸向远方。

因为从开创人本田宗一郎的时代起，这个工厂就有一条长 200m 以上的生产线，据说有一段时期曾被称为日本最长的生产线。为了使这个引擎生产线的长度像纪念碑似的保留在员工的心里，所以要求大家共同参与，将它的长度反映到庭园花圃上。

这个土方工程的庭园设计上，体现了里面停车场的停车模式的标准尺寸要求。到了晚上停车场里灯亮时，屋顶上就隐约地反射出微光。我们希望土方工程上黑黝黝的土块感和近代建筑追求的透明感的互补互成在夜景中也能得到实现。

根据人体尺寸的模数来进行绿色规划

这是位于东京的千代田区二番地的某个小写字楼的实例，是我的合作伙伴长谷川浩己设计的。这栋楼因为受建筑上的规划斜线限制，呈阶梯形状，每层楼都有露台，为了用完美的绿色外装改变建筑物整个金属外观的冰冷单调的感觉，所以这个项目采用了墙面绿化，给建筑物穿上了绿色的外衣。通过这个项目使我发现，不是绿化而是利用庭园的建造，就使人置身室外的环境了。我从中学到了一个道理：如果不去认真地领会怎样进行绿色和人体尺寸模数之间的配合，就是绿化了建筑也没有意义。

当时的计算机还是有线局域网络，所以在整个庭园里布上有线局域网，营造了带笔记本电脑来就可以工作的环境，很受欢迎。现在树木长高了，树荫下的环境更好了，得到了更有效的利用（图 11）。

贯穿内外的绿坛

这是大阪梅田的商业设施（图 12）。用钢和玻璃构成的高层楼房脚下修建了一条贯穿内部和外部的绿坛。整个绿坛连

图 11　绿色和人体尺寸模数相配合的写字楼上的庭园

图 12　透过中庭看外面

接着二层到地下一层的地铁车站（图 13）。

图 13　高层楼房脚下的绿坛贯穿内部和外部

当时我们的目标就是让绿色成为一个关键词，承担起连接空间的作用。绿色将杂乱的开放的地下街和耗资巨大的品牌名店的商业空间连成了一体。

绿色植物的灌浇系统也凝结着许多心血。在表现水流呈阶梯状顺序落下的反面，组成了一个绿色和不锈钢融合一起相互映衬的结构体（图 14）。其结果，外与内，或者是地面的街区和地下街、地下商铺这些地方，形成了可以相互透视的空间。

图 14　绿色和不锈钢融合而成的结构体

地下二层全部是饮食店，装饰了摆葡萄酒瓶的玻璃架，进一步给人一种似乎空间与下面相连的感觉。在一层的广场上也开了很多的洞，为的是当底下的人抬头朝上看时，一定可以看到一些地面上的绿色。无论是水平的还是垂直的绿色，都从空间到空间成为连接意识的关键词。

从逻辑上分析了管理系统之后进行的设计

最后，我来介绍一下朝日电视台的屋顶庭园。

朝日电视台的屋顶庭园是指位于东京六本木正中央的电视局屋顶的庭园。在最初的设计阶段，占领先地位的方案总是：

夜色中的玻璃地面的庭园、修剪成各种造型的灌木、盛装的女性等形象。我们一直在研究这一类的庭园。但是，在和电视局的有关人员进行商讨的过程中，我们逐渐意识到对于经常操纵着虚拟世界的人们来说，那样的景观早已令人厌倦。与其那样，不如实实在在地利用植物吧，于是，重新打开思路，180º 地改变了原来的表现内容。

有关矮竹丛生的原野面是怎样建造的，在写生集里也记录了一些。因为我们曾经考虑说：能否用什么坚硬的东西和小竹子（矮竹丛）组合，来表现植物的动态呢？最后选择用单纯的石带，建造了长方形的矮竹丛生的原野景象（图 15）。

这是个 40m × 30m 左右的空间，屋顶上的建筑物成口字形围绕在四周。因为在矮竹丛生的原野里摆上了石带，从电视局领导的办公室窗口望去，可以产生远景被石带拉着的感觉，而从客厅那边再看时，石带却消失了，可以清楚地看到在它对面的东京塔（图 16）。

如果问说为什么如此拘泥于面的创作，我认为，通过正确的表现下边的平面，可以使人意识到头顶的天空。为了赋予那种面的特性，我选用了这种坚硬的石带。

最初是因为这种造型的意图加入了石带，当实施设计做到一半的时候，开始觉得这种形式也可以用在其他方面。实

图 15　石带排列在矮竹丛生的矩形原野上（摄影：吉田诚）

图 16　从客厅方向看不见石带

际上，这个石带不是摆放在矮竹丛生的原野土地上，而是架在支撑物上面。我们设想因为有这些架着的石带，竹子的修剪管理将非常方便。

如果要修剪出笔直平坦的竹子，根据普通的管理方法，要在两侧安置梯凳搭梯子，慎重的情况下还要拉上绳子，以便能够目测水平面，然后工人进行修剪。这种方式需要一点点地移动架梯子的位置，工作量非常繁重。但是，因为有了这条石带，工人就不要架梯子而直接进入竹丛进行修剪。

并且，假如我说“今年竹子只长高了一点，修剪的竹枝高度比石带高 1 ~ 2 cm 左右就行”，那么工人就在剪刀柄的 1 ~ 2 cm 左右的位置做上标记，根据标记一边目测高度一边修剪（图 17）。工人在石带上边走边当场确认高度，根据标记剪下去，就能够修剪出整齐的斜面。

不光是这些管理方面的工夫，石带里还能安上洒水或浇水装置，更因为石带下面有空洞使通气良好，所以矮竹丛不受高温潮湿的影响。

如果长期栽种一个种类的地被植物，最担心的是高温潮湿和虫子，有的时候会出现某一部分植被突然枯死的现象，我认为采用了石带系统也能够对应这类问题。

从这个事例可以看出：如果我们要以哪种形式处理庭园绿化，实行某些人工管理的话，就需要相应的管理系统。要想设计这样的系统，无论如何它都会成为逻辑分析的几何学内容。只要把这种内容表现在庭园绿化上就可以，

图 17　沿着石带边走边剪的竹丛修剪作业

所以追求这种表现就是庭园设计。它不是我讨厌的阿基格拉姆集团的“对于生态系统的憧憬”之类，而是成为“生态系统本身”的形象。

城市是大庭园，庭园是小城市

我觉得归根结底“庭园”是个关键词。直到近代，庭园的一切都是由造园师一手包揽,但是,由于奥姆斯特德自称“风景建筑师”，所以园林工人和造园师从此就被挤出了这个行业。并且，风景建筑师们也开始关注城市的绿化。

如果把建筑和绿色之间的相互搭配不说是绿化而称为“庭园”，那么，造园师或园林工人的想法就会再次受到重视。从建筑的立场来说，园林工人的工作已经变得很重要了。

我想，我们在城市里能够做的事情，是把握住那些建筑绿化所要表现的方向性。我感觉今天很需要类似某种新型造园师的人物形象。

阿尔伯蒂（1404 ~ 1472 年，意大利诗人、建筑师、学者）这样说：“城市是大庭园，庭园是小城市。”随后奥古斯丁·伯克又说：“在日本，城市文明的最高境界是向往自然。”这些话仅看只言片语很难理解它的意思，但是，如果读过了奥古斯丁·伯克的风景论全篇文章，你就会感叹：“哦，原来如此。”假设，日本的城市向往自然，那么，我们就能理解阿尔伯蒂的名言“城市是大庭园，庭园是小城市”了。尤其是从我们的立场来看，“庭园是小城市”这句话更是充满了魅力。“城市是大庭园”这种说法，从某种程度上也能够体会了。因为所说的这些，近代都曾经追求过。但是，我正在考虑，打算按“庭园是小城市”的模式来绿化建筑。最近正想以它作为今后的设计理念。

尽管如此，前面已介绍的与建筑师坂茂先生合作的项目还是没有完全令我满意。这张照片（图 18）中是一栋 8 层楼的中庭，还是通过人在绿化的下面活动这种方式来表现“庭园”。我觉得，也许把这里绿化起来的同时，还有必要在这里摆上桌子和椅子。此外，不是单纯的绿化，还要有浇水系统，感受对植物的浇灌和排水的情景也很重要。照片中的绿色不是充满生命活力的绿色，而是人为建造的绿色，那是和减轻环境负荷等目标无缘的绿色，是纯粹作为文化的绿色。我希望先从这方面开始建立建筑和绿色的关系。具有这样的思想性才可以说“庭园是小城市”。若非如此，走到哪里建筑绿化都是徒然的工作。

图 18 “尼古拉斯·G·海尔克中心”8 层楼中庭

与自然共存的“地球之卵”

规划绿色、水和热能

永田昌民

因鳗鱼养殖而出名的静冈县浜名湖畔，有一块一万坪（约3.3万㎡）的土地；这是一个追求与自然环境共存，以自给自足为奋斗目标的设施，命名为“地球之卵”。这个设施将泡沫经济时期因工程中途停工而被荒废的原养鳗池的土地利用起来，应用被动式太阳能技术在这里进行各种各样的试验。我们在这里建设了商住两用的办公楼，建造了水循环和净化及保持植被多样性所需要的池子，以及广阔的绿色空间。

用真北方向的配置作为规划的中心

“未来地球”的设施，位置在浜名湖村节半岛上；那是以推广被动式太阳能供暖技术活动为中心，从事有关工作的OM太阳能协会的公司房屋。是利用了原本泡沫经济时期计划在湖岸上建设研究都市用的，后因计划受挫而荒废的一块土地，它是由养鳗池填埋而成的。

这个设施占地约一万坪（约3.3万m^2），建筑总面积约600坪（约1980m^2）。如果看一下配置图，就会发现建筑物的位置偏向建筑用地坐标轴的一边（图2）。因为这是以真北为轴心进行规划的。不是用磁北而是用真北作为规划的核心，其要点是尽可能直接地利用太阳光的热量。

这座建筑物的入口处所在位置的一楼，规划了工作室和

图 1 “地球之卵”全景（摄影：上田明）

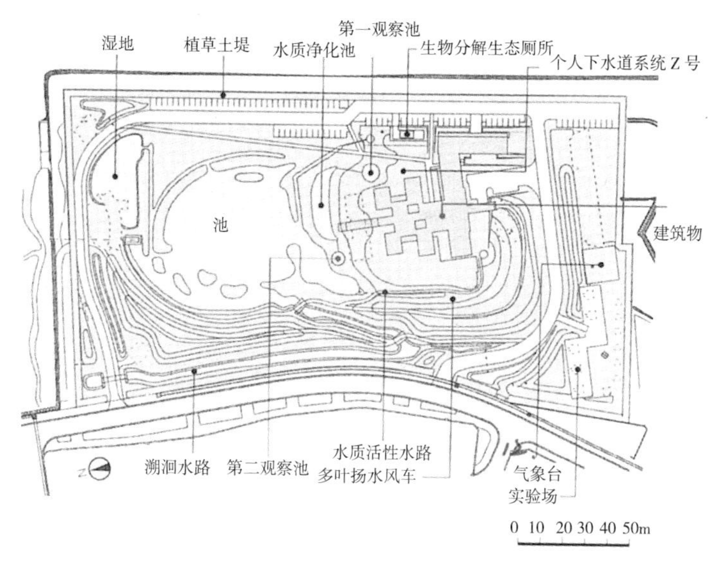

图 2 配置图

图书室、仓库群、雨水存积槽等。二楼的中庭、走廊成为动线的重要部分,在走廊的廊下空间的左右有工作室,被分成 A ~ F 的 6 个区域，作为各自独立的楼栋。这块地的东面可以望见整个浜名湖。虽不是有意安排，但是从工作室的窗口看不见浜名湖。只有作为食堂和集会场所的自助餐厅那儿才能看到浜名湖。原因是考虑到各自不同的场所必须有相符合的位置。

工作室的门窗朝北面。其理由之一是偶然想起了前辈说过的一句话 :“花朵都朝着太阳的方向开放。如果北侧宽敞些，最北侧的庭院就很漂亮。”所以就想照这样做吧。另一个理由是为了躲避夏天的炎热，极力想把南侧的门窗口设计小些。

这个方案在具体设计前，还有过一个方案，就是把所有的需求都归入一个大建筑物内 ; 但是我们认为，作为进行被动式太阳能供暖实验的场所，分成几栋的形式要比在一万坪的建筑用地中建一栋楼房的形式更适合。

建立浜名湖的水源

我们要在这个设施里，力求达到自给自足的目标。利用这一万坪的土地能够做到什么程度的自给自足呢? 这是最重要的问题。在景观设计师田濑理夫先生以及专门研究被动式设备设计的科学应用冷暖研究所的高间三郎先生的参与下，我们完成了基本设计。

首先第一个是水的问题。当初这里没有自来水管道，和滨松市政府交涉后得知从公共管道引水有困难。如果打算自己埋设水管引水，预算需要花费将近 3000 万日元，所以决定挖井。

因为公共的排水管道和杂排水的功能都没有，所以排水要就地处理。我们想 : 不能单纯依靠地面渗透，难道就没有更有效的方式吗? 最终决定 : 挖个池塘来解决排水的净化问题。考虑到浜名湖的污染正在日益严重，曾想到是否能够将净化了的水再排到浜名湖里。不过，根据现阶段的县政府观点，往浜名湖里排水是不允许的，总之，我觉得如果能够这样做会更好。

决定挖池塘的另一个原因，是希望这个池塘作为包括各种各样的植物、昆虫、小动物等共同生存的场所，发挥它的作用。

另外，还存在一个危险性，如果为了造池塘而挖掘地面，那么浜名湖里含有盐分的水会渗透进来吗？因为这里原是养鳗池，曾用黏土质的泥土加固，田濑先生计算了它的容量，发现其深度刚好可以利用。

我们决心建立自给自足、并与周围的自然环境共存的设施，采用了挖井来确保水源，建造污水净化池等方法，希望这个设施能够作为浜名湖的水源发挥作用。

橡子计划

规划设计耗费了两年时间。在这期间，为了促进绿色植被再生，实施了“橡子计划”（从一粒小橡子思考地球环境的环境工程）。其内容：不是移植大棵的树，而是用橡子培育的树苗来栽种，让它 20 年之后形成小森林（图 3）。

以田濑先生为核心，协会的全体成员每月两次分成小组拣拾橡子，还收集了许多混杂着各种各样草花的田边地头上的植物，我们把它称为“田埂草皮”（图 4）。植物的收集范围仅限于浜名湖水域，以流入浜名湖的都田川流域为中心进行了采集。我们借用了现场附近的农家温室，把采集到的植物栽种在里面，培育了两年。在建筑物竣工之后，实行“橡子计划”的空间多少充裕了一些，现在依然在继续进行中。

拣拾种子

田埂草皮的采挖

采用生命力顽强的本地常见树的种子培育的苗木

水生植物的采集和培养

苗木定植

在建筑物周围种植田埂草皮

图 3 橡子计划

图 4 田埂草皮

认识植物的力量

这里说一件有关个人的事，那是 4 年前，我有幸建造了自己的房子。在这以前，我在一位朋友的家里借住了 27 年，借住的房子也是我设计的。那房子占地 80 坪多（约 $265m^2$），建筑物是 20 坪的方形混凝土结构，作为设计者本身的我没什么可说的，那是个没有使用保温材料的夏天热冬天冷的房子。

在长达 27 年的生活经历中，我体会到了植物的力量是何等之伟大。这座房子以前居住的人种下的一人高的小橡树，经过了 27 年的时间，已经超过 2 楼上加盖的儿童室的屋顶，长成了 9m 多高的大树。夏天，覆盖在外墙面上的爬山虎把整座房子装点成绿色。多亏了这棵小橡树和夏季的爬山虎，才使当时酷热难当的房子在夏天里没有空调居然也能度过了，我再次认识到了植物具有的隔热效果。

有了树，并且是超过 9m 的大树，以昆虫为主的小动物自然会在这里安家。在院子的一个角落里，有一棵自己长出来的 7m 多高的山樱树，树上寄居着数十只知了，直到半夜两点还在不停地鸣叫，有时在睡梦中被吵醒。住在这个房子里，使我深刻理解到植物是与自然共存的主角这个道理。从那时起，我就相信了植物的力量，对那些前来要求设计的客户，我总是建议他们不妨在院子里种植一棵大的落叶树。

关于我自己的房子，由于土地面积窄小，没有可供种植大量植物的地方，于是打算把部分的狭长地方利用起来。妻子喜欢植物，特别是喜欢野草，以前租房居住时的院子也长满野草。田濑先生建议我应该把这个野草院子里的植物搬到新的家里；依靠 30 多位朋友的鼎力相助，一天里就成功完成了植物大搬迁。与“地球之卵”村的方法相同，以采集“田埂草皮”的方法，把长着野草的地皮切成长和宽 30cm，厚 6cm 的方块，重叠着用车搬运到家。

住进新家有三年多了，有些植物不适应新环境而枯萎了，但绝大部分都生机勃勃地成长着。狭长部分通向房门口的道路郁郁葱葱，下雨天走到房门口，经常被草上或树上的水滴弄得浑身湿透。被剥去草皮的那个出租房的院子里，因为并不是全部挖走，所以又恢复了原来的面貌，依然是绿油油的一片。

植被与生物的再生

虽然认定都田川流域是采挖田埂草皮的最佳场所，但是，那里的植被由于喷洒了除草剂而处于十分枯竭的状态。结果，追寻到都田川的最上游，在与爱知县交界处的寺野地区发现了植被生长旺盛的草地，因此委托当地的农户采挖了草皮，运送到借用的温室。不仅有田埂草皮,我们还从近郊采集了芦苇、香蒲、菱角等植物，种到池的周围（图 5）。

不单是植物，连池里放养的鱼，也是从浜名湖水域捕捞后放养到村里的池塘（图 6）。我也参加了捕捞工作，把捞来的鳉鱼、虾、泥鳅、鲫鱼以及小螺蛳等放养到池里。我们还把原来生长在养鳗池的人称“河鳗”、形状与放大了的鰕虎鱼相似的鱼放入池里。

池塘周围的水渠对鳉鱼等小鱼而言是极好的栖息地。鳉鱼在自然状态下可以生存两年左右，如果水草丰盛将成为它们的藏身之处，也适合产卵孵化。在“地球之卵”设施的计划中，为了补充池塘水量，必须确保引水的渠道，所以对于鳉鱼来说就形成很好的环境。根据现状看，生存在各条水渠里的鳉鱼数量估计超过一万尾以上。

图 5　菱角的采集

图 6　鱼类捕捞进行了三天

最近听说当地食用蛙的数量不断增加。如果池周围的植物生长良好，鱼的数量也增加的话，前来捕食鱼儿的野鸟数量也将增加。有时，从道路两旁的小山丘上还有野猪跑下来。时常还接到报告说，看到了陆地生存的螃蟹在走廊上爬行，不知道它是从建筑物木门的缝隙间，还是从打开的窗户外爬进来的。

水质净化与生物分解生态厕所

接下来是有关排水和净化的内容。从净化槽流出的水流入第一观察池，接着通过水质净化池（生长着稻子的水田）进行净化，然后经过第二观察池流入“地球之卵”的池子。

第一观察池前的净化槽是性能良好的合并净化槽（具有 5 ~ 10ppm 的性能）。净化槽要求的标准不高，能够保持 30ppm 就可以。流入这个净化槽的水来自自助餐厅厨房排放的各种污水和一个厕所，因此提供微生物生长的营养稍有不足。第一观察池和第二观察池里放养了鲫鱼和鲹鱼等，虽然食物可能不够，但是它们承担着检测水质的作用。

另外还有一种“水质活性化水渠”（图 7）。这是利用水风车把池里的水扬起，让水通过装在水风车下的生物装置流入水渠，利用芦苇、香蒲等植物净化后再流回池子。

图 7　水质活性化水渠（摄影：上田明）

关于污水，采用了生物分解生态厕所的对应方法。我们使用的是大阪某个厂家的产品，它对污水净化的效果也很好。流过生物纤维的污水能够被好氧的微生物净化。被净化的水作为独立系统循环使用于厕所和净化装置。

使用附近山上的树木

这幢建筑物基本上由木结构组成（图 8）。因为我们要实现使用当地木材的想法，所以不使用进口的木材。幸亏当年金原明善先生在竭尽全力投入号称“狂暴天龙”的天龙川治水工程中，在天龙川上游的山上大力植树造林。真是很幸运，其中一部分树木已经成材了。生长了近百年的杉木是非常好的木料。我们把参与这项工作的制材厂部分仓库进行了改造，变成利用太阳能热量的木材干燥库，把砍伐下来的杉木进行了干燥加工。因为天气有时不如意，没有达到预想的目标，但总够建筑物的一部分使用了。

图 8　主要的柱和梁的截面是 135mm×270mm 共计使用了 300 根 $90m^3$ 的天龙杉。(摄影:上田明)

诱导式设计

我们在安装有玻璃屋顶的通道空间里，尝试着利用光催化剂实行屋顶洒水。在东京大学最新研究协会的帮助下，在玻璃屋顶面上张挂了涂有氧化钛、具有透光性的网。从安装在屋脊的洒水器上喷洒井水，利用蒸发热达到冷却的目的。在一般状态下，即使洒了水也会形成一条条水流移动，达不到预期效果；但是，一旦涂抹了氧化钛，亲水性就增强了，喷洒的水在整个网上均匀地流动，达到蒸发热的预期效果（图 9）。根据测定结果，虽然还谈不上冷却效果，但是与只有玻璃的情况相比温度下降了 6℃左右。在办公室北面屋顶的天窗上面也挂着涂有氧化钛的网。其理由就是因为盛夏时的太阳高度角大，有直射日光进入。

独栋的办公楼南侧屋面上，安装了利用太阳能热和光的设备。其中一部分安装了与屋顶材料成一体型的非晶态太阳能电池，依靠它产生电力，与此同时也收集热量。冬天从预留了空气层的屋面上收集热量，把这些热量通过导管送到地板下面作为地暖使用。夏天，一边排热，一边烧热水的同时，也把变热的室内空气排到了外面。作为另一个对付夏日炎热的方法，我们也试着通过埋到地里的导管把一些降温的冷空气送到地板下面来降低室内气温。

不管怎么样，我们进行了各种能够想象的尝试，但并非

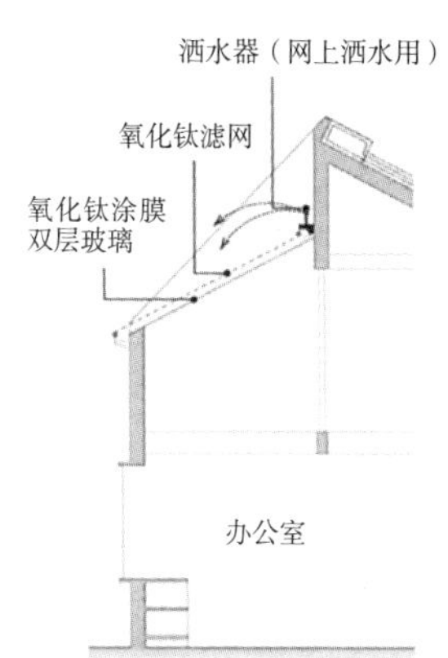

这是天窗的玻璃和氧化钛涂膜网，上面正在喷洒井水

图 9　办公室北侧天窗

一切都获得成功。我觉得，我们应该不骄不躁，以试验结果作为学习，建立起更好的诱导式系统。

图 10　从“地球之卵”眺望浜名湖（摄影：上田明）

座谈会

重要的是“绿色的力量”

中村　勉（司会） 第一个我想请教三谷先生。在今后社会的发展中，朝着少子化或老龄化转变的因素有各种各样，您怎么看待这些问题？还有，从自然观或是文明史观来看，应当怎样思考风景和建筑的关系。

三谷　彻 对于这类匆匆作结论的难题，我实在不能回答。我们园林建筑师必须经常放在心上思考的问题是：现在的建筑物将以怎样的风格和文化置身于未来的世界里。我担心在100年或200年以后，当人们回头审视今天的园林设计时，是否认为是同一种风格呢？环境问题自古以来就有，所以我也不认为我们的21世纪是特别的时代。刚才看到的形象化的推移,也可以说是对于产业革命的恐惧和不安的一种体现。另外，在阿基格拉姆（建筑电讯集团）的时代,蕾切尔·卡森写的《寂静的春天》（1962年）,就记载了从20世纪60年代到70年代，环境运动已经反复出现了。

我认为，从城市水平看，无人管理的森林和无人耕作的农田问题发展得越来越严重。对于一些绿地而言，已经不是建设行为产生的影响，例如已经投入人员管理的杉树林，由于管理人手不足，导致出现外来杂木丛生的状态。这方面怎样既省力又能管好呢？怎样使它恢复原来状态呢？所说的这些事，其管理方法和规则等相加起来就成为某种样式。

中村 永田先生介绍的“地球之卵”的建设基地，如果说原来是养鳗池，那就是类似于二次农地之类的地方吧。是将弃之不用的土地进行改造使之恢复原来的状态。这也可以视为建立林木再生条件使其恢复原始森林状态的行为。

对待“自然”和“人工（建筑）”之间的关系，怎么做才正确呢？我想听听这类看法。

永田昌民 这是个难以回答的问题。我感到“地球之卵”有各种丰盛的内容，实在太丰富多彩了。

我个人的工作基本上是从事住宅的设计。其中我认为最需要重视的是“植物的力量”。以前在东京郊外大树被砍的时候，曾经发生过反对运动。大的树一旦不见了，谁都会发觉，但是，建筑物被毁坏却几乎没有感觉。

前来委托住宅设计的人和打算为自己盖房子的人，常会对他们提出这样的问题：“什么植物最令人感受到春天的气息？”大多数人都会回答说：“樱花。”我想我过去也是这么回答的吧。

但是，当我注意观察身边的植物时，我看到了光秃秃的落叶树脚下生长的獐耳细辛草（又名三角草），从地面上开出了小小的花朵，是那样的可爱、美丽。也许这是个细微的小事，但应该说，小花向我们传达了春天的信息，它让我们感受到了植物的力量。因此我意识到，具有这种感性或是感觉非常重要。要以最早传达季节信息的植物为核心，与自然共同生存。例如，在房屋设计时，要大力提倡通风良好的窗户，当感到热的时候，不是开空调，而是开窗纳凉，这对于建筑师的职责而言非常重要。

一棵树就如一个小宇宙

中村 三谷先生举了银座的建筑物为例，阐述了对于建筑绿化的疑问。当时，从“有生命的绿色”和“维持着生命的绿色”两个观点进行了整理，不过，您是怎么看待风景和建筑之间的平衡及力量关系呢？

三谷 当银座的建筑物落成了，你坐在那的门廊里，会看到身边的常春藤等各种各样的植物叶子，那是实实在在的生命吧。当然，从枝条的切口处有水流出。我认为，只要我们身边能够经常接触到人以外的其他有生命的东西就很好。

最近，园林建筑师在社会上极受注目，但是相反的，我认为园艺师、花匠的直觉非常重要。即使是庭院这样受到限制的空间，只要对那里倾注了深厚的爱情，多半不是很好吗？

永田先生说过，为什么有了植物就会在头脑中留下印象呢？因为有了一棵树就有虫子来，或者说，一棵一棵的树就是一个个小宇宙吧，它成为完整的自然系统。身边有这样一棵树，它生长着，不受人类生活的干扰，我觉得这很好。

我的长女两岁前住在东京，随后在滋贺县生活到10岁左右。如果以为住在滋贺就能很好地成长，那就大错特错了。她成为一个十分依赖空调、非常讨厌虫子的孩子。看来原因是公寓生活造成的。每当回到世田谷的老家，长女怎么也不适应长满杂草的院子，但小儿子却积极地拔草。看着孩子们的样子，我的心里在担忧。东京都内有多少露出土壤的地方呢？我们需要来重新认识关于拥有局部的院子，并且是有泥土的院子之事。最近我深切地体会到，重要的不是大规模的风景区，而是就在我们的身边，能够拥有让人与绿色接触的庭园。

永田 我的妻子是非常喜爱植物的人，为了观察植物，经常和同伴们外出旅游，又是到礼文岛，又是到亚马孙河流域，还钻到台湾的深山里去。没想到世上还真有不少这样的人，确实令我跌破眼镜。

换个话题吧，我认为东京原是一个郁郁葱葱、林木参天的地方。这里曾拥有作为村庄守护神的大片森林，以及神社的小森林等各种各样的树木。我的事务所地点在目白，周围也有相当多的绿荫。村庄守护神的森林虽然看上去黑沉沉的，但是带来许多益处。如果我们在自己生活范围的周边种植和培育更多的树木和植物，无论走到任何地方，都能看到这样的绿色该有多好啊。

三谷 学生们把城里保留下来的大树命名为“残存孤立树”，在葛饰区进行调查后发现还保留着不少。了解了这些树能够保留下来的原因，大约可分成6种模式。我对这些树的历史进行了调查，发现其中有属于政府机关的树、目标树（街道沿线作为标志的树）、人行道上保留下来的私家树等。于是，有关这些残留大树的各自不同的身世秘密也浮现在人们眼前。这些树的身上记载了小城居民们的理想和希望。这只是一个例子，希望大家意识到，了解树与人之间的关系也是非常重大的事。

与人无关的森林价值

会场1 日本是筹备2011年的UIA东京大会的东道国。其中有一项小型观光活动的项目，是想筹划东京的“守护神之林观光团”。我曾在Y大校园对植物生态学者宫胁昭培育的森林进行过实地考察。我想问问有关宫胁先生的森林和园林建筑师设计的森林之间的不同点。另外，同时也想知道，位于城市里的两者的“平衡”是怎么考虑的？

三谷 如果说，面对着在宫胁先生的指导帮助下恢复了地域潜在植被的这片森林，是什么令我感动？我想，首先它是一片与人无关的绿色。当然，它是人种植的，兼有防灾林的作用，但是它超越了本身的功能性，它与人的欲望无关，它按照自然的规律不断地成长起来，在这片森林里，人的心灵受到涤荡，享得宁静和感动。

一方面，当我受托从事建筑绿化设计时，作为绿化的目的，一个令我难以接受的问题就是为了人的利用目的而使用绿色。例如：为了人在广场或公园的长凳坐着时，树荫能带来凉爽，因此种树；为了给人建造舒适的空间，因而栽种植物等，我不太赞同这种思考方式。

以品川的工程项目为例来说明吧。请看品川港南口桂树浓荫蔽日的人行道。当初的构思原名为“品川千棵樱”，计划把这一带变成郁郁葱葱的树的海洋，不让人进入。当时是泡沫经济时代，若问什么样的绿化提案是主流呢？那就是能带着家人在其中快乐地游玩的为人所用的绿色这样的计划了。就是经常被提到的舒适性之类的观点。从反论的意义上，我也希望实现一年只开放一次，平常时期关闭的森林。

守护神之林观光团的设想被提出来了，也不知道为什么，神社里的树木给人的感觉，总是作为与人的城市生活无关的东西而存在的“森林”，但我觉得不是很好吗？我们应该建造这样的东西。如果把范围大大缩小来设想庭院，其实庭院也不是为了使住宅凉爽、舒适性之类的理由而建，重要的是偶尔在家的旁边种棵树，看它渐渐地长大，由此体会到人的力量不能控制的生命就在身边的感受。

我认为，无论范围大还是小，如果以这种“森林”为基准，就不管是方格里美丽的植物，还是宫胁方式的混植密植的森林，都是很好的。

景观与养护

会场 2　我对于实施了建筑绿化的银座大楼上千篇一律的人造自然景观，老实说充满了厌恶感。我也觉得是否日本人的感受性衰退了。夏天开放的日本花卉，如牵牛花、绣球花等基本上是蓝色系统的花，属于冷色调，但是搞园艺的人满不在乎地使用了暖色调。是感受自然的能力衰退了吗？

我是从事建筑设计的，觉得业主非常在意庭院的养护。有关景观设计中与养护问题发生矛盾的事例，如果有的话希望能够谈一谈。

三谷　作为整个景观来说，养护是非常大的课题。对于一个巨大的城市和自然的关系，以及住宅和庭院的关系而言，养护本身表现出来的具体问题非常重要。不是听凭专家去“掩盖”

其中的矛盾，而是怎样去解决养护方面的问题，我认为此事关系重大，刚才介绍过的“朝日电视”的工程项目中，我们曾经试着实践过。

当我在看最近的一位前辈建筑师创作的作品时，不禁使我想到：“有这么多具体的安排，难道这位建筑师自己打扫过房间吗？只是重新改变日本的榻榻米摆放方式等，日常的打扫工作就很方便了，他在这方面做得非常巧妙。”我想起了大学时代，内田祥哉先生经常说过的话：“通过打扫你将发现人和建筑及原材料之间的关系。”

森林和庭院的绿化以及对建筑的影响

中村　通过讨论，对永田先生所说的“绿色的力量”这个词有了很深的印象。进一步联想到：水是何等重要，土壤能够感受到吗？是根据土壤的湿度感吗？

正如三谷先生所言，自然具有的力量也许是更为根源性的东西。先生曾说过，建筑绿化不是“有生命的绿色”而是“维持着生命的绿色”，而为了变成“有生命的绿色”，我感到了土壤、水、空气等的重要性。

在今天的谈话中，我明白了宫胁昭的森林或是守护神之林这些独立的森林都很重要，但我感到，即使是人工培育的，身边的绿色也重要。折断树枝有汁水流出，风吹来了绿叶摆动，下雨了也能听到沙沙的雨声。就是花盆里的植物，也能使我们感受到大自然的安排。从刚才起，我就一直在思考着怎样使森林和庭院的绿化取得平衡。因此，最重要的是形成“绿色的力量”吧。

永田　搬到新家居住已经四年了。距离路边不远的地方流淌着一条叫“黑目川”的泉水河。那里可以看到香鱼在游动。小的时候，我就喜欢捕鱼，所以跑到河里捉了泥鳅、鲫鱼、鲹鱼、雅罗鱼等，养在院角的水缸里。

令人担忧的是河里的水流量正在减少。一旦没有水，植被就会发生变化。水田芥（西洋芹、水芹）正越长越多起来，城市里的植被也发生了变化。我希望大家要重视和爱护绿色的力量，重视和爱护水的力量。

三谷 园林建筑师对建筑师有个期望：在把植物引进建筑之前，建筑就和一般的建筑没有两样，同样，住宅也和普通住宅一样地建造。然后，作为房屋和院子的连接点，下面两个部分希望要认真地做好。一个是檐廊（日本住宅的铺有地板的外廊）。即使绞尽脑汁造了庭院，日本的庭院只要不搞檐廊，就不能很好地发挥作用。

另一个是雨水槽（水落管）。日本自古以来对雨水槽的设计颇费苦心。雨水槽的水是怎样落到院子里的，制作的雨水槽要求让人看得见雨水流下的情景。为此也要求把雨水槽做得很漂亮。当然,即使不是文字所表达的檐廊和雨水槽也可以，而之所以再三强调要注意这两个部分的制作，是因为它比直接进行建筑绿化更具有效果。

5

建造无热岛效应的城市

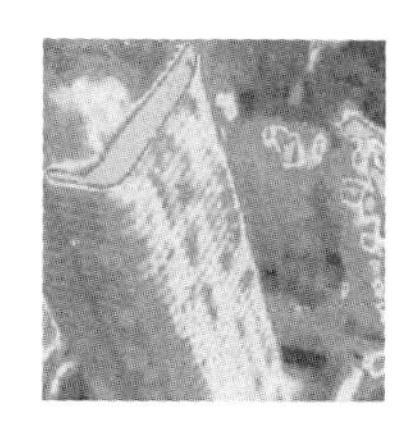

脱离热岛效应的城市

应用自然和地域的长处建设城市

梅干野　晁

今天的城市里充满了热量。日本本来是森林资源丰富的国家，可是在城市里，树木被砍伐，难以散热的建筑物和沥青涂层覆盖了地面，并有大量的人工废弃热释放到空间中。而且，因为高密度的建筑物林立也影响了城市的换气功能。今天不仅是大城市，就是地方上的小城市也出现了明显的热岛效应。现在，要求建筑师努力减少建筑物周围的环境压力，在热环境中也要建造舒适的生活环境，并以此为目标提出整个城市的规划方案。城市的热环境设计方面，由城市的空间和构成这个空间的材料来决定，只要着眼建筑外部空间的表面温度就可以。

2004年的春天，热岛效应大纲由内阁会议决定后，热岛效应对策一下子就成为城市建设的具体课题。以前，尽管媒体反映了东京、大阪、名古屋等各个大城市地区的实际情况，但也没有作为现实的城市建设问题被提出来。一想到这些，就觉得世界的变化真是太快了，从环境工学的观点出发，正在专心研究提出问题和掌握实况的我们，最近相反地处于一种被打屁股的状态，今后的城市建设应该怎么搞呢?

通过R/S热图像了解热岛现象

在日本，就像以东京为首的大城市实况成了新闻报道的热门话题一样，热岛现象也作为大城市的宏观问题被提出来了，而热岛现象实际上是离我们身边更近的问题。它就在城市建设之中存在。下面就来谈谈关于大城市的问题以及我们身边街道的问题吧。

东京确实太大了，所以把仙台和它的郊外作为例子来谈。虽然如此，仙台也是人口 100 万以上的城市。这两张图像，是用飞机从高空遥测到的夏天中午的热图像和应用遥测的数据进行分析后得到的绿色植被分布图。

仙台市面向太平洋海岸,美丽的广濑川横穿市中心。首先，请看热图像（图 1 上）。

这是夏天天气好的中午时刻，仙台市街道的表面温度上升到 50℃以上，刚好与海滨沙滩上的温度相同，无法赤脚在那里行走。一方面，看看有森林的地方，地表大体上就与气温相同。而且，水田形成了绿色的地毯，稻田温度也与气温相同，约 28℃左右。如果像这样地把仙台市中心的街道和绿荫浓郁的郊外作个比较，两边的温差有 20℃以上。如果表面温度提高 20℃，当然，在形成了如此高温的地面和建筑物的周围，空气温度也会上升。这是在市中心街道引发中午热岛现象的主要原因。

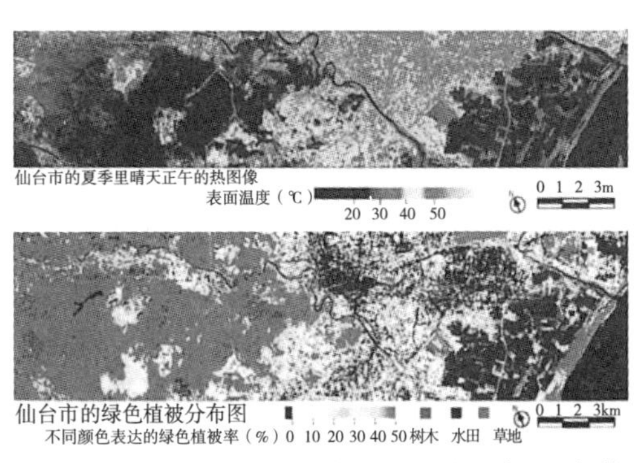

图 1　仙台市的绿色植被分布图和夏季里晴天正午的热图像（参照本书 166 页彩色图 1）

下面我们把热图像与绿色植被分布图作个详细的比较（图1下）。绿色的地方表示森林，淡蓝色的地方表示水田。然后这个白色和黄色的地方，在10m×10m中有一些绿色的部分，而黑色的地方，10m×10m中几乎没有绿色的部分。把这些作了比较后就非常明确地知道，没有绿色的地方表面温度高。

刚才也说过了，关于日本的热岛效应问题已在东京、大阪等大城市被提出来了，而小城市也出现了这种现象。例如，请看位于左侧森林中正在开发的泉丘新城。如果观察其地表温度，几乎是和市中心的街道完全相同的高温。

尽管是郊外，但和城市的街道一样，道路上也铺了沥青。而且，这里还建造了许多建蔽率稍低的，和城市的街道同样的住宅。因此，即使是郊外，表面的温度上升也达到与市中心街道几乎相同的高温。

根据实际检测，即使是在水田一望无际的砺波平原中的一个小小的城镇，我们发现街上的气温无论中午和晚上也都比周围的水田高2℃左右。我认为，正是那些实行无限制发展汽车化社会的小城市，有必要努力抑制热岛现象。

建筑物的结构也会产生很大影响

为了抑制热岛现象，必须在街道上从事绿化工作，对于这个问题，我想，大家通过仙台的例子已经理解了吧？而建筑物因为其不同的结构，白天和晚上产生热岛现象的方式不同。

举个具体的例子。这是一张从东京池袋的阳光大厦60层高处拍下的照片（图2）。近处是密密麻麻排列着独立的木构住宅的地区。东京有很多这样的地区。中央是护国寺的森林。然后，右侧是高速公路，公路两旁高层的商业大楼鳞次栉比。

当我们把这里的夏日中午和晚上的图像进行对比就发现：中午，木构建筑的屋顶和日光照射下高速公路的沥青路面等处

从东京池袋的阳光大厦60层高处拍下的照片
中央的大片绿色是护国寺的森林。近处是密密麻麻地排列着的独立木构住宅区。右侧的高速公路沿线，钢筋混凝土的建筑物鳞次栉比。

夏天正午的热图像（1990 年 7 月 28 日 12 ：00）
近处的木构建筑物屋顶达到最高温状态。高速公路的沥青路面也显示出高温。护国寺森林的温度与气温几乎相等，与构木建筑物屋顶相比低 20℃左右。

夏天夜晚的热图像（1990 年 7 月 28 日 21 ：00）
到了夜晚，木构建筑物由于大气散热功能，表面温度迅速下降。护国寺森林的温度和白天一样，与气温几乎相等。钢筋混凝土建筑物的墙面储存了白天吸收的太阳热量，保持高温。沥青路面也显示出高温，助长了炎热夜晚的发生。

图 2　夏季的晴天里城市街道的白天和晚上的热图像（参照本书 166 页彩图 2）

的温度极高；而到了夜晚，木构建筑的屋顶表面温度很快下降，某些地方比树冠的叶片温度还低。但是，正午被太阳晒过的高速公路、钢筋混凝土造的办公大楼的墙面等处，储存了白天吸收的太阳热量，尽管气温下降了，这些地方的温度也下降不多。

如图所示，加上表面日照反射率，根据建筑物和地面结构（严格地说，建筑物的室内是否开放着冷气，会产生影响，但主要是热容量）的不同，表面温度的日变化也不同。

木构住宅密集的地方，如果不计算人工产生热的情况，仅从土地覆盖的观点而论，它不会助长炎热夜晚的发生。

如果说，在白天的日光照射下，储存了大量太阳热量的沥青路面和钢筋混凝土建筑物覆盖着的街道，就像提倡不易燃烧地域那样，虽然城市的防灾功能增强了，但是，夏天炎热难以居住的情况也就不奇怪了。

我们再从近处看看城市的模样吧。这张热图像是高层建筑物的右侧刚好太阳西晒的时候，从直升机上拍下的（图 3）。盛夏时节，如果从建筑物的不同方位看各个面承受的日照量，当然水平面承受的多，而西面和东面承受的日照量很强烈。西面刚好在下午 3 点的时候承受正当面的日照。可想而知西面的阳台酷热难当。而且，这个建筑物成为热释放体，也促使城市的气温上升。

进一步走近城市的生活空间看看吧。这是夏天中午和傍晚的沥青路面及广场的热图像（图 4）。正午时沥青路面的表面温度上升到 50℃以上，傍晚时还有 40℃左右。人们就像在滚烫的铁锅上过日子似的。

现在媒体等经常报道酷热带来人体危害的情况。我们不能忘记，来自这个滚烫铁锅上的热辐射，使日照和气温上升变得更加严重。肉眼不能直接看到这个热辐射，但是在炎热和寒冷的感觉上，它是非常重要的因素。

新闻曾经报道过在幼儿园的院子里玩耍的幼儿，突然一个个扑通扑通地晕倒在地的事件。这种事很容易就会被简单地判断为现在的孩子体力不行，不过，请慢点下结论。幼儿园的院子，有的是铺了人工草坪，有的是在混凝土路面上涂了绿色的油漆，实际上，铺上人工草坪的院子与混凝土状态相比要糟得多，表面温度将大幅度上升。如果在表面温度 60℃左右的人工草坪上受到热辐射，不仅幼儿园的孩子，连大人也要倒下了。

受到西晒，对日照没有采取防护措施的阳台形成高温，生活环境恶劣。集合住宅成为热释放体，成为城市气温升高的重要原因。

图 3　夏季的晴天日，右侧受到西晒的超高层集合住宅的热图像（参照本书 167 页彩图 3）

中午达到 50℃以上，傍晚时还有 40℃左右。就像在滚烫的铁锅上过日子似的。

图 4　沥青路面及广场的热图像（参照本书 167 页彩图 4）

如果表面温度上升，在它周围的空气温度也将上升。并且，更为糟糕的是许多地方的院子，因为周围被建筑物团团围住，造成通风不良，因此热空气不能散开。对于孩子们来说，简直是最糟的炎热环境。院子作为我们生活的空间，这里的细微空气候变化，就是这样根据表面温度来决定的。

平均辐射温度与热和冷的感觉

以上是根据热图像，从远处及生活空间观察城市。我想大家已经理解到，根据城市的空间结构以及在那里使用的材料，它的表面温度各不同。构成街道（建筑外部空间）的各种各样面的表面温度越高，并且它的面越多，城市的空气就越热，也就是发生热岛效应现象。于是，对于生活在那里的人，也带来了热和冷方面的巨大影响。作为人在某个场所时，从周围承受的热辐射指标，有个“平均辐射温度（MRT）”。简单地说，表示包围着那个人的所有面的平均表面温度。我来介绍下面的表格，它表示这个平均辐射温度对于热和冷的感觉有怎样的效果（图5）。

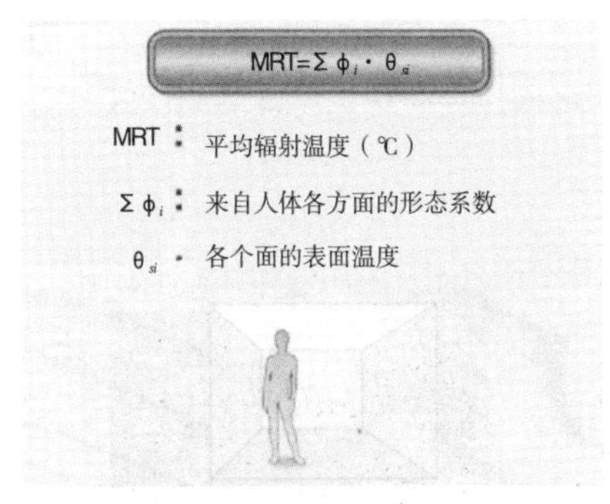

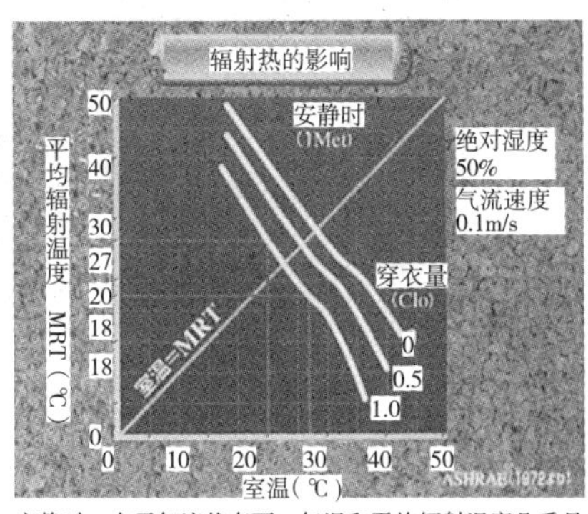

安静时，在无气流状态下，气温和平均辐射温度几乎具有同样程度的效果

图5　平均辐射温度和热辐射的影响

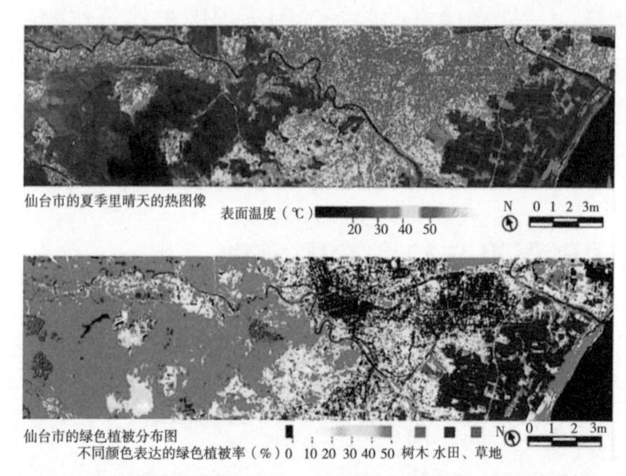

仙台市的夏季里晴天的热图像

仙台市的绿色植被分布图

图 1　仙台市的绿色植被分布图和夏季里晴天正午的热图像

从东京池袋的阳光大厦 60 层高处拍下的照片
中央的大片绿色是护国寺的森林。近处是密密麻麻地排列着的独立木构住宅区。右侧的高速公路沿线，钢筋混凝土的建筑物鳞次栉比。

夏天正午的热图像（1990 年 7 月 28 日 12 ： 00）
近处的木构建筑物屋顶达到最高温状态。高速公路的沥青路面也显示出高温。护国寺森林的温度与气温几乎相等，与木构建筑物屋顶相比低 20℃左右。

夏天夜晚的热图像（1990 年 7 月 28 日 21 ： 00）
到了夜晚，木构建筑物由于大气散热功能，表面温度迅速下降。护国寺森林的温度和白天一样，与气温几乎相等。钢筋混凝土建筑物的墙面储存了白天吸收的太阳热量，保持高温。沥青路面也显示出高温，助长了炎热夜晚的发生。

图 2　夏季的晴天里城市街道的白天和晚上的热图像

受到西晒，对日照没有采取防护措施的阳台形成高温，生活环境恶劣。集合住宅成为热释放体，成为城市气温升高的重要原因。

图 3　夏季的晴天日，右侧受到西晒的超高层集合住宅的热图像

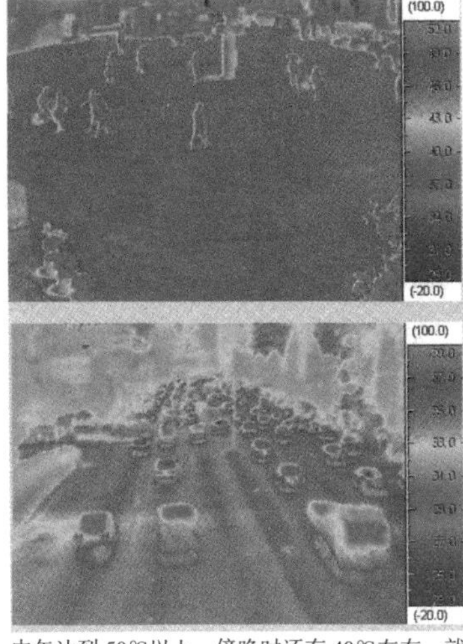

2005 年 8 月 19 日 11 ：57

2005 年 9 月 19 日 18 ：20

中午达到 50℃以上，傍晚时还有 40℃左右。就像在滚烫的铁锅上过日子似的。

图 4　沥青路面及广场的热图像

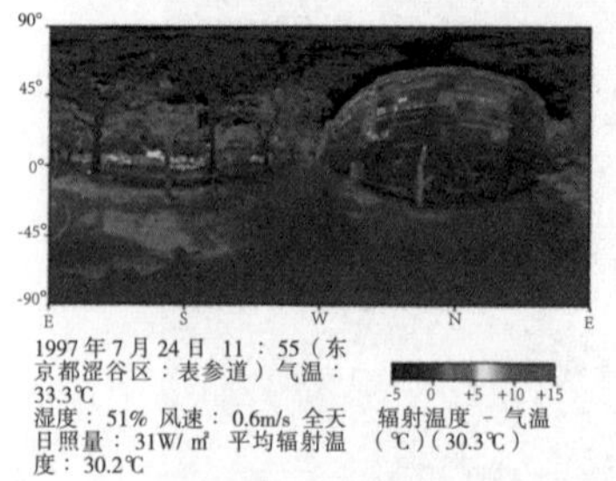

1997 年 7 月 24 日 11 ：55（东京都涩谷区：表参道）气温：33.3℃
湿度：51% 风速：0.6m/s 全天日照量：31W/㎡ 平均辐射温度：30.2℃

辐射温度 - 气温（℃）(30.3℃)

以大树冠的榉树作为街道树的某条人行道

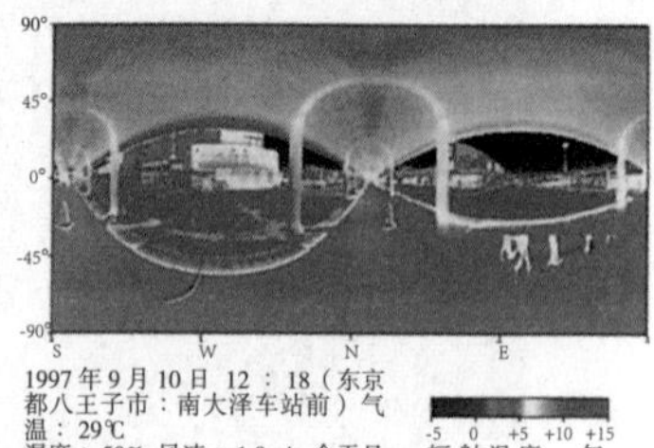

1997 年 9 月 10 日 12 ：18（东京都八王子市：南大泽车站前）气温：29℃
湿度：50% 风速：1.8m/s 全天日照量：97W/㎡ 平均辐射温度：36.6℃

辐射温度 - 气温（℃）(29.0℃)

车站前沥青路面的广场上建有顶棚的通道

图 6 表示城市生活空间里热辐射环境的全球热图像

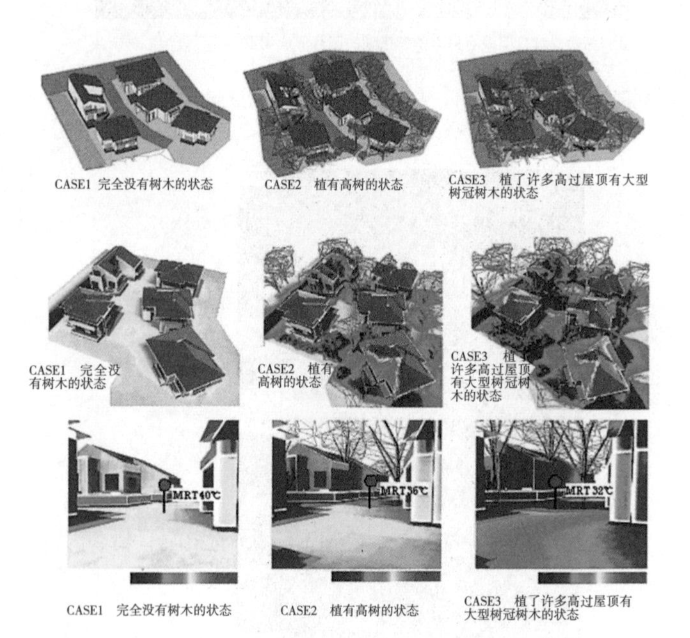

夏季，晴天正午时的表面温度分布和作为生活空间的中央道路上 1.5 米高处（中央红点的位置）的平均辐射温度和在地面生活空间里的辐射温度分布

图 7 栽植状态不同的 5 栋木构住宅区

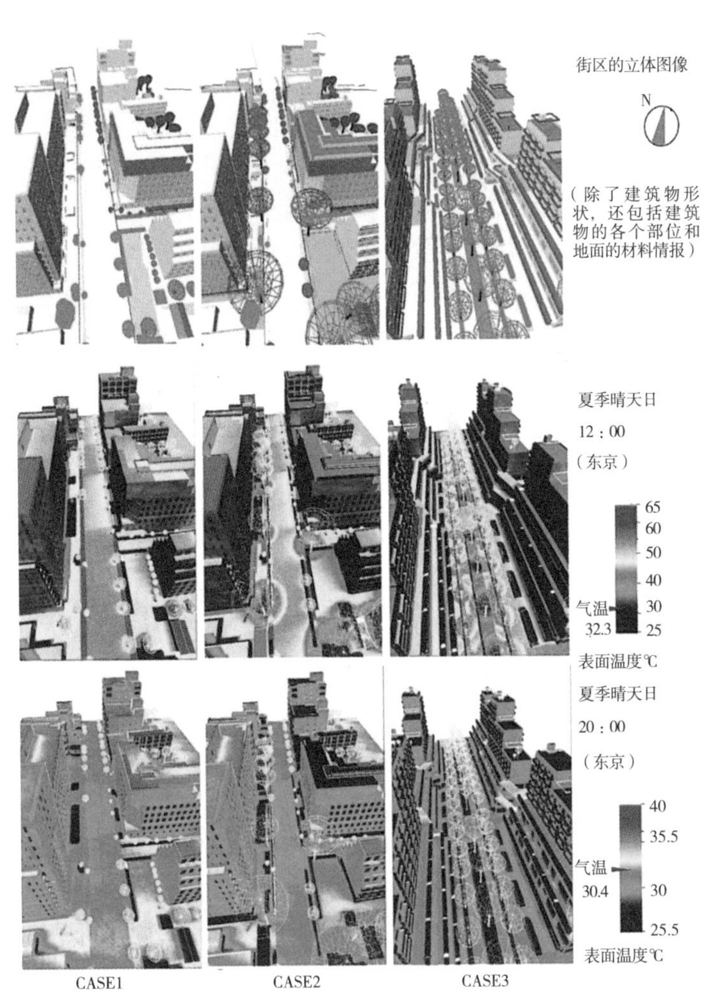

图 8　沿干线道路的街谷及其改善方案

首先，我用横轴表示这个房间的室温，用纵轴表示这个房间的平均辐射温度。我现在站着说话的会场，室温和周围的表面温度几乎相等。因此，位置标注在室温和表面温度相等的倾斜 45° 的地方。

但是，在刚才请大家看过的许多图像上，我们注意到气温和周围的表面温度相差极大。那么，这里画了 3 根线，请看当中的线。这根线表示在几乎无风的状态下，穿着衬衫的人安静地坐着，既不觉得热也不觉得冷。所以，如果气温和周围的表面温度刚好相等，就像这个房间一样，26℃左右，就感觉不冷也不热。可是在这根线上，假如室温是 30℃，即使气温非常高，如果周围的表面温度低，就同样不冷也不热。相反的，使用地暖气的场合，因为地板的表面温度高，即使室温稍低也能保持舒适了。

重要的是这些线几乎都在 –45° 的斜度。我们感觉到冷或是热的时候，一般都只想到气温的影响，实际上与气温基本相同的周围的表面温度对此有很大影响。从刚才的热图像也知道，城市里分布有表面温度达数十摄氏度的物体。于是，那里的气温也随着周围的表面温度而改变了。

热环境设计的关键：表面温度

举两个例子，说明城市里的这个平均辐射温度有很大不同（图 6）。

这两张图像，是用我们共同开发的特殊辐射照相机拍摄的，显示在我站立的地方，围绕我周围的一切物体的表面温度的全景图像。纵轴的“0° ”刚好在视线的位置，“–90° ”在正下方，“90° ”在正上方。横轴是东西南北的方位。色标的深蓝色和浅蓝色的范围属于“0”，是表面温度和气温相等的地方。即，表示表面温度比气温高或低几摄氏度。例如，整

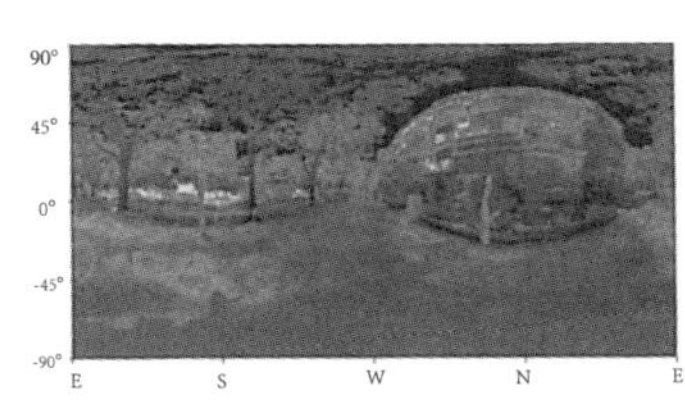

1997 年 7 月 24 日　11 ： 55（东京都涩谷区：表参道）气温： 33.3℃ 湿度： 51% 风速： 0.6m/s 全天日照量： 31 W / ㎡ 平均辐射温度： 30.2℃

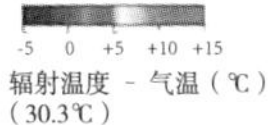

辐射温度 － 气温（℃）（30.3℃）

以大树冠的榉树作街道木的某条人行道

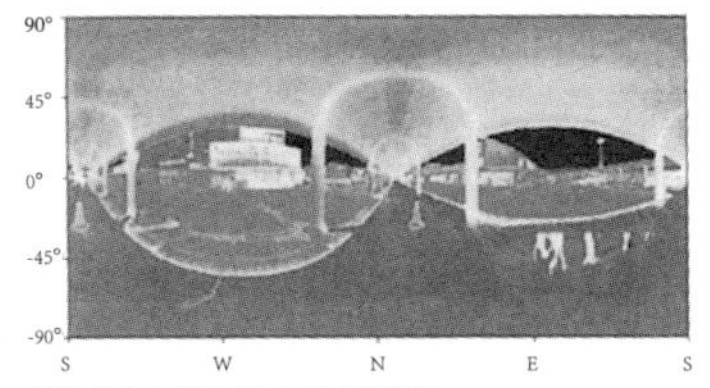

1997 年 9 月 10 日 12 ： 18（东京都八王子市：南大泽车站前）气温： 29℃ 湿度： 50% 风速： 1.8m/s 全天日照量： 97 W / ㎡ 平均辐射温度： 36.6℃

辐射温度 － 气温（℃）（29.0℃）

车站前沥青路面的广场上建有顶棚的通道

图 6　表示城市生活空间里热辐射环境的全球热图像（参照本书 203 页彩图 6）

个图像显得通红时，就表示周围是表面温度比气温高的地方。

其中的一张图像，是我们站在昔日同润会公寓前种有榉木街道树的人行道上拍摄的（图 6 左），现在这里成为表参道 Hills（表参道之丘）。榉木街道树巨大的树冠覆盖着这里，几乎看不到天空。气温是 30℃，但是，在我周围几乎所有面的表面温度都处于和气温相等的状态。榉木叶面的温度也基本与气温相同。乍一看，也许觉得叶面温度比气温低得多，感觉凉爽，但除了直接晒到太阳的地方以外，叶面的温度基本与气温相同。图面上看得到一些远方在太阳的照射下形成高温的公路。人行道铺着沥青路面，因为整天晒不到太阳，所以比气温稍低些。如果从这个热图像上，计算我周围的所有面的平均辐射温度（MRT），就是 30.2℃，与气温基本相同。

另一张全景的热图像，是我站在车站前沥青路面广场的顶棚下面通道上的时候拍摄的（图 6 右）。这是城市里到处都会体验到的情景。顶棚覆盖范围以外的沥青路面广场，因为在太阳的照射之下，所以那里的表面温度比气温高 15 ～ 20℃左右。这时的气温是 29℃，所以表面温度应该有 50℃左右。

我站在这个顶棚的下面，当然这里的地面是阴凉处，但是，早上有阳光照进来，或是反射光投进来，所以也比气温高几摄氏度。而且，这个顶棚是用铁板造的，被吸收的热量传导到下面，里侧的表面温度比气温高 5 ～ 10℃左右。

像刚才一样，如果在这里计算一下平均辐射温度（MRT），就达到36.6℃了。我们的皮肤温度是35℃左右，人体通常都在散热，如果考虑热辐射的接受，就是热量从周围进入了人体。虽然气温是29℃，但周围的表面温度却是37℃。平均辐射温度要比气温高7℃多。对于城市里的生活空间来说，这样的场所非常多。

如刚才说明的那样，对于热和冷的感觉，平均辐射温度和气温所产生的影响几乎相同，大体上把它们相加除2后可以看成是我们的感觉温度，如果平均辐射温度相差7℃，那么感觉温度就相差3.5℃。

从这两个例子已经知道，通过设计，可以得到与我们的感觉温度相差3℃左右的空间。因为是以榉木街道树覆盖的状况，风速大约1m/s左右，所以即使盛夏时节，如果气温29℃或30℃左右，稍有一点风，就不觉得那么热。这里的路面是普通的沥青路面，靠蒸发冷却路面，只要弄湿它，表面温度还会下降几摄氏度。如果在日本创造这样的空间，我认为完全可行。

当我们这样来思考炎热中舒适的城市环境时，如果注意表面温度，就相当能够说明，热环境问题不是和城市建设的设计有直接关系吗？

支持设计的热量平衡模拟试验手法

后半部分，我要向大家介绍有关热量平衡模拟试验手法。它是从设计的初期阶段到确认申请和实施设计为止，每个过程就像前面看到的热图像那样，能够从视觉上研究表面温度的手法。

把使用3D、CAD设计的情报作为热量平衡模拟试验的条件，原原本本地输入电脑，再输入当地的气象数据，由此来计算对象街区和建筑用地的一切面的表面温度在一天中的变化，在 3D 上面作为可视图像（动画片）输出。

当然，不光是空间情报，在求表面温度的时候，必须知道构成这些面的有关热的物理性能。关于这些，备有部位的导热模型数据库，所以只要输入例如墙或窗以及地面等截面规格和材料等就可以了。但是，关于新开发的部位或是诱导式设计手法等，必须做出它的导热模型编入。

另外，以建筑物为例时，把各个建筑物各自的室温在一天中的变化数据输入。例如，是自然室温？还是开着冷气保持 27℃呢？

首先，要求各自在一块小住宅地上设计五间住宅（图 7），左侧是完全没有绿化的住宅地，正中间适当地做了绿化，右边种植了比屋顶还高的树木。因为表面温度时时刻刻发生变化，所以，可以用计算求得一天的变化，再以动画形式来观察这个变化。这里显示的是夏季天气良好日子的中午 12 时的表面温度分布。在没有树的状态下，建筑物背阴处的表面温度稍低，但绝大部分的表面温度都比气温高出 10 ~ 20℃左右。在绿化植物中增加了高树木的状态下，除了照到太阳的屋顶以外，其他地方的表面温度都与气温相等或比气温低。我们一边观看图像，一边可以从空间性的各种各样的视点来研讨这样栽种树木的效果。

如果把这三种作个比较就知道，当我站在中央道路上的时候，周围的表面温度有很大不同。如果计算一下平均辐射温度，向阳处有 40℃而树荫下是 32℃左右。就这样，通过绿化，平均辐射温度可以相差 8 ℃。也许这可以作为判断的材料，说明为了建造良好的环境，即使花费 100 万日元种植 15m 高的榉树也是有价值的。

接下来，是关于穿过商业地的干线道路街谷的热量平衡模拟试验案例（图 8）。左侧的三维图是现状。在东京中心部

夏季，晴天正午时的表面温度分布和作为生活空间的中央道路上 1.5m（中央红色圆点的位置）的平均辐射温度、在地面生活空间里的辐射温度分布

图 7　栽植状态不同的 5 栋木构住宅区（参照本书 203 页彩图 3）

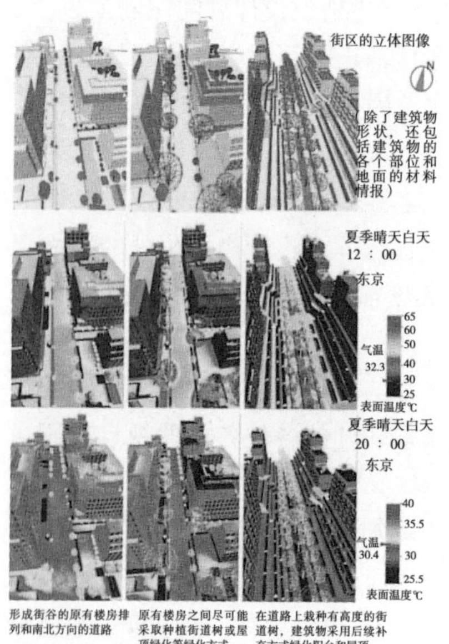

图 3　三种类型楼房排列的 3D、CAD 和利用热量平衡模拟试验得到的表面温度分布
夏季，晴天白天的表面温度分布

图 8　沿干线道路的街谷及其改善方案（参照本书 204 页彩图 8）

的外苑东大路，20m 宽的道路两侧，密密麻麻地矗立着一幢幢写字楼。正当中，是尽可能地将现状进行了绿化的场地，增加了街道树，可能的地方都做了屋顶绿化。而右侧是根据城市建设中的建筑物和地面的绿化要求，在消除街谷的基础上，建造了丰富多彩的建筑外部空间。

现状中，20m 宽的道路形成了街谷，但如果把建筑物外形稍作修改，缓和街谷的同时也便于在建筑物的阳台上栽种植物（图 9）。尤其是，把西晒强烈的地方进行绿化，还在道路上取一条车道作绿化。和表参道一样，这里种植了树高 15m 左右的榉木街道树。根据热量平衡模拟试验的结果，试把三种楼房排列方式的表面温度作个比较。以现状来说，从早上就受到日照的地方很多，就像这个屋顶一样，9 点的时候表面温度已将近 40℃。到了中午，表面温度之差

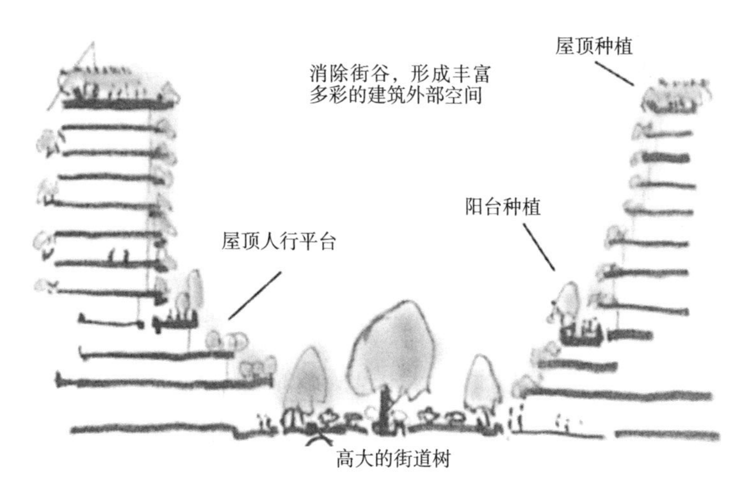

修改建筑物外形，对道路和建筑物进行合理的绿化

图 9　沿干线道路的街谷改善方案

就非常明显。到了下午 3 点,这边的右侧面正对着西晒的阳光。铺砌面和混凝土路面等热容量大的地方，白天受到日照表面温度上升处，到了夜里也下降不多，可以看出太阳热量保存在里面。

如同最初请大家看过的热图像一样（图 2）。

以上是我们正在开发的热环境设计支持手段，这里介绍了研究城市绿化、建筑绿化效果的例子，但并不表示只要用树木等进行绿化就可以达到目的，希望根据可视化的表面温度分布可以理解这个道理。

就树木而言，是不及眼睛高度的小树吗？把怎样高度的树和什么样树冠形状的树种在哪里？怎样栽种？或者说，根据与建筑物的位置关系，要求在建筑物和地面的什么地方落下多大的影子？进一步说，那个时候落下影子的地方，是墙面吗？是玻璃房吗？如果是地面，它是普通的沥青路面吗？是考虑到蒸发冷却的潮湿的地面吗？由于这些条件的不同表面温度也不同。并且，也必须看到蓄热产生的影响。

的确，通过建筑外部空间的空间形态和构成这个形态的材料的不同，表面温度将有很大差异。

城市建设的一个指标：热岛潜能

现在，正如大家看到的，对于以绿化手法为首，采用了各种各样手法后取得的效果，我们利用表面温度图像从视觉上进行研讨的同时，也需要定量的评价指标。如果城市建设中热环境设计的目标，是要求尽量减少对周边环境产生的负荷（这里指热岛现象的抑制），并且在生活空间里建造舒适的热环境，那么，作为讨论中需要的定量指标，我提议前者为“热岛潜能”，后者为长期在说明的“平均辐射温度”。这两个指标可以根据热量平衡模拟试验的结果计算求得。

这个表示周边环境热负荷的指标——“热岛潜能”，作为

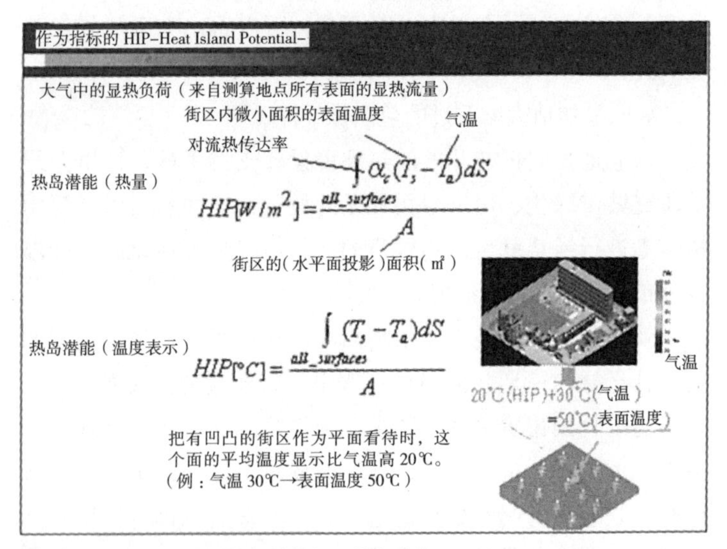

图 10　表示对周边产生负荷的指标：热岛潜能

所有面在空气中的显热状况，表示散发了多少热。所有面的表面温度通过计算取得，可以按下面方式求得。实际上，城市里存在气温和气流的空间分布，若假设这些是固定不变的，就能得出简单的式子。即，如图 10 中的式子，把所有面的表面温度和气温的差加起来，除以这块地皮的土地面积，就得出值。算式的单位为温度。用来测算的地方，实际上因为有建筑物，所以有凹凸不平，表面温度也不同，但是假设表面是平坦的，它就表示那个平坦面的表面温度比气温高多少摄氏度。

首先，以平坦的地面，整片沥青地面的停车场和整片铺着草坪的广场的情况为例，来说明热岛潜能的日变化（图 11）。也就是说，以气温为基准时的表面温度的日变化。我们以横轴划分一天的时间，以纵轴标示热岛潜能的变化，于是，“0”表示空气中的显热状况为“0”，也就是表面温度和气温相等的时候。沥青地面的那一片地区，正午时分表面温度比气温高出 25 ~ 30℃左右，达到 50℃左右。到了夜里虽然下降了，但是直到清晨，温度都比气温高。另一方面，草坪这边，都认为白天草坪的表面温度不会上升，而实际上比气温高出 15℃左右。你有过这样的经验吗？就是当你用手摸草叶子时，意外地发现叶子很热。

如果是全部沥青地面或全部草坪，各自热岛潜能的日变化将形成这样的曲线。参照这个曲线，计算刚才说

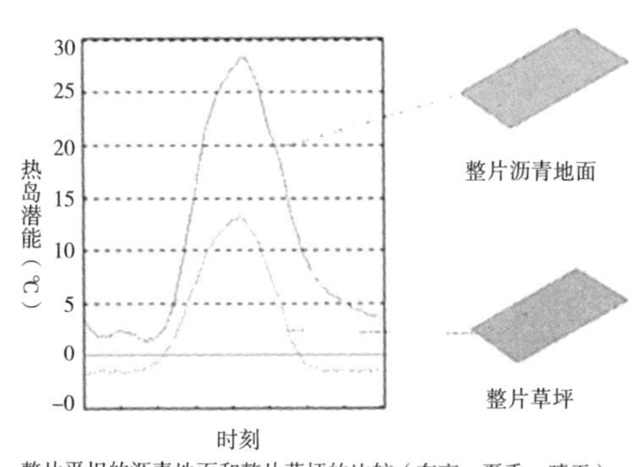

整片平坦的沥青地面和整片草坪的比较（东京、夏季、晴天）

图 11　热岛潜能的日变化

大气中的显热负荷 住宅区已绿化的状态

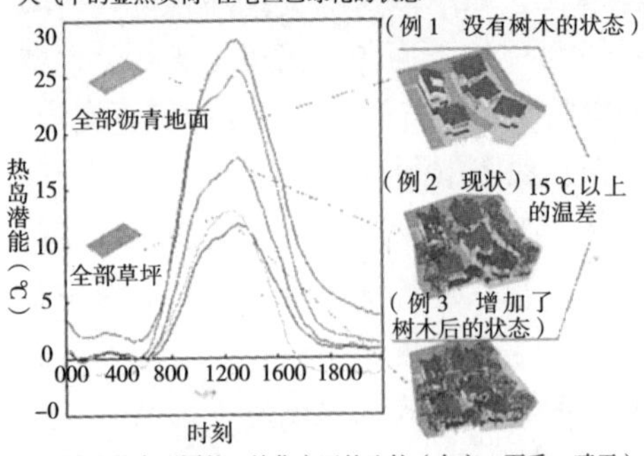

树木种植状态不同的 5 幢住宅区的比较（东京、夏季、晴天）

图 12 热岛潜能（1）

把建筑形状和绿化方法同时研究后的状态

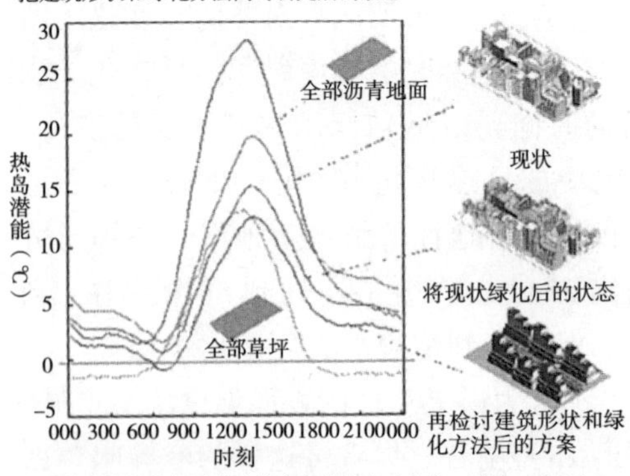

沿干线道路的街谷及其改善方案的状态（东京、夏季、晴天）

图 13 热岛潜能（2）

的三种类型住宅区的热岛潜能，试将其绘制成图（图 12）。中午的值，若是完全没有树木的木构住宅区，就和全部沥青地面一样，简直是城市沙漠。若是增加了大树的住宅区，中午的热岛潜能值就下降到与全部草坪的广场基本相同的程度。

如果进一步把刚才提到的商业地区街谷及其改善方案绘制成图就会发现，现状的中午温度也不像刚才提到的完全没有树木的集合住宅地那么高（图 13）。理由方面，可以举出类似建筑物里开着空调，使窗玻璃等表面温度比气温低，而且建筑物挤在一起，有许多墙面位于背阴处等。但是到了夜里，现状没有绿化的场合，热岛潜能就变得比全部沥青地面还高。这样的城市在不断地增加，所以，就现状而言抑制热带夜（最低温度高于 25℃的夜晚）已到不可能的程度了。再看看改善方案的情况吧。中午，热岛潜能值能够下降到与草坪基本相同的程度，但是从夜里到早晨这个时间段，不能像草坪那样把热岛潜能值降下来。这说明要想建造抑制热带夜的城市是多么的困难。

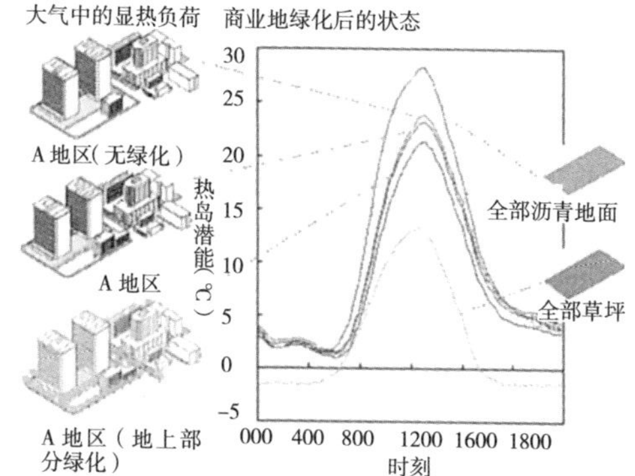

商业地区公开空地绿化后的状态。即使在公开空地上栽种了树木，热岛潜能也几乎没有下降。

图 14 热岛潜能（3）

我们非常希望得到建筑师提供的方案来降低热岛潜能。如果能够直接减少使大气变热的人工热量，不容易产生热带夜的城市就能诞生了。

在商业地区的高层建筑周围留出公开空地，将它绿化起来的想法好像很不错，但是，如图 14 所示，热岛潜能几乎没有下降。它说明了只在脚底下搞绿化是无用的。由此知道，如果不是从包括建筑物在内的整个建筑外部空间进行考虑，对于热岛潜能几乎没有效果。

我一直在重复同样的话："为了不增加周边环境负担，并建造舒适的生活空间，空间形态和材料的应用将变得很重要。"但是很遗憾，建筑师特别在意价格，并不太注意材料的情况。要想建造凉爽的空间，就必须设法降低表面温度。可是，建造凉爽空间的原理不是很多，基本就是蒸发冷却，或大气放射冷却，再就是蓄冷吧。最重要的事，就是把最大限度地发挥这些效果的空间结构和建造那个场所的使用材料弄清楚。

发挥地域的潜能

最后，我想谈一谈建筑师怎样拿出热岛对策的想法。首先是注意建筑外部空间的空间结构和建造那个场所的材料，同时还要了解这块土地的潜能。关于土地的潜能，以这个地域的气候特征为首，包括地势和这块土地上形成的微小空间的温度、湿度、通风、日照等气候状态。古时候的人曾经巧妙地把扇形地势上方涌出的泉水引到城里，作为给水道和排水道的系统使用。那古老的城镇今天还保留着，可是，原来的道路被拓宽成了汽车路，道路的中央曾经流淌着的水路完全消失了踪影。如果道路的中央有水路流淌，整个城镇的蒸发冷却就有可能。今天的某些地方，净水处理场里有处理好的大量的水。把这些水作为冷气的冷却用水使用不是很好的想法吗？是否可以让这些水形成浅而宽的流动的水面在城里流淌呢？就像既能生产大米又具有环境调整功能（例如，热岛抑制功能）的水田或水路一样。

作为制冷点的新宿御苑

善养寺幸子

●在首都中心建立冷岛

环境省实施了活用城市绿地改善地域热环境设想的计划，作为示范点选择了新宿御苑地区。在东京都中心，没想到竟有多处大规模的绿地，但彼此没有连接，都被粗大的干线道路分隔着。因此，绿地作为局部的凉爽点存在，却不能在市区有效地利用这些绿地制造冷能。

100 年前的新宿，已经有电车通行，青梅街道也已建成，但没有热带夜（指夜晚最低气温 25℃以上），良好的环境得到保护。这是因为有大量绿地存在的缘故。可是，仅仅 100 年之间，街道就被人造的物体所覆盖，形成了今天因热岛现象而头疼的状态。如果是 100 年里毁坏的环境,从今天开始改善它，那么 100 年以后，能否重新恢复成让我们舒适生活的环境呢?这就是我们这项计划的目的。

第二次世界大战结束后，复兴计划中曾经设想把绿地连接成带状，在城市里有计划地建造大面积的绿地，称之为“绿带计划”，可是面对经济复兴优先的城市计划，不知什么时候它就消失得无影无踪了。也许当时绿色环境效果的说服力不足吧。但是在今天，利用学术知识或技术手法能够说明其效果，所以，作为恢复绿色环境，抑制热岛现象的“冷岛”设想，这项计划中提出了有效地使用绿地的方法。

东京都的大规模绿地，包括皇居在内都作为国有土地保存着。以这些绿地为基础，利用风的流动通道和水及绿色的网络把首都中心的制冷点连接起来，建造市区的凉爽环境，是这项计划的中心思想。作为其中的部分示范，我们验证了新宿御苑周边市区的现有状态。新宿御苑的周围，高楼群形成了大片的墙壁，由于新宿大道和外苑东大道等大马路的路面产生的热影响所阻挡，市区总是很难享受到御苑的林木产生的冷能。于是，计划把建筑绿化和街道树连起来，通过绿化的配置把御苑的林木产生的冷能供给到市区去。

从新宿御苑来看，夏天南风吹来，绿地的冷气向北流动。由于这一点，为了取得效果，制定北侧的街区计划就很重要了。新宿御苑的北侧市区成为区划整理事业的地段。从现在开始，作为环境改善的城市再生计划，应该说明街区计划的方向性，希望今后居住在这里的人们都来思考这样的问题，探讨区划整理的理想方法。

●建立风的通道

当我们思考今后的100年时，研究了三大方法。分别为“改善现状的方法”、“把现状市区的一部分重新整改的方法”、“作为区划整理进行全面改善的方法”三个部分，下面按照这个顺序进行探讨。

首先，作为“改善现状法”方案，为了使新宿御苑的冷气流动到尽可能远的地方，探讨了建筑、道路的理想方案（图1）。具体内容是：把侧道和空地的绿化部分连接，为了使冷气保持低温并导向远处，可以考虑对建筑进行绿化。例如，新宿御苑的北面有个花园小学，学校再往前有个叫花园东公园的绿地。据说计划在这里建立风的流动通道，要把新宿御苑的凉风送到学校。因此，具体方案是把这个侧道、屋顶、建筑物的墙面绿化，直到花园东公园为止，用绿色连接起来。

其次，作为“把现状市区的一部分重新整改法”，内容是关于在这个地域中把建筑物的外墙后退、整改道路、拓宽路面、种植街道树、以绿化道连接起来的方案，以及在公开空地中

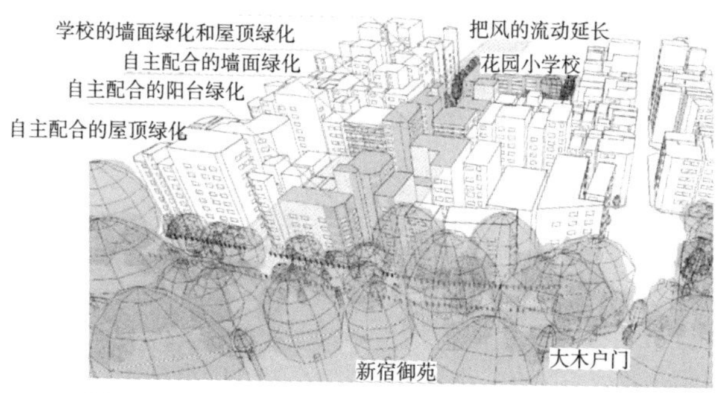

图1　改善现状的方法

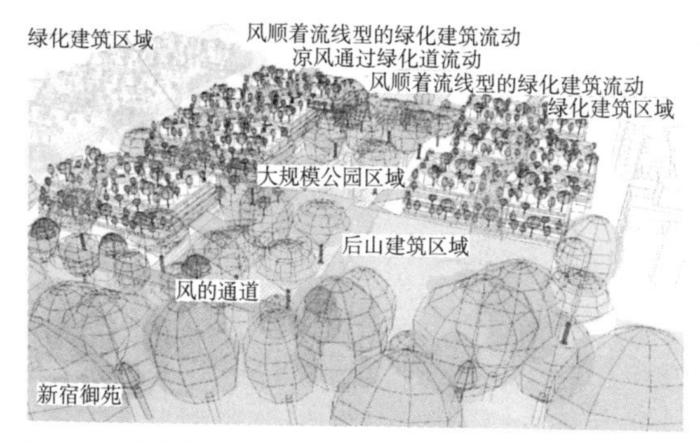

图2　把现状市区的一部分重新整改的方法

建立绿地的部分性再开发等方案（图2）。这是过去常用的手法，是将最接近新宿御苑的地方，通过综合设计把建筑物高层化，达到利用公开空地的目的。关于这个部分的综合设计方案，因为实际的地权者人数少，所以有人认为想干的话马上就有可能。在综合设计的方案中，考虑把超高层建筑物之间变成立体的绿地，使凉爽的空气从那里通过。周边的建筑物为了让风通过，在建筑物里设置了空隙，预备了风的通道。当然，对于超高层的大楼而言，这种做法有长处也有短处。

第三个，“进行全面改善法”之内容，是全部换个地点重建的大胆想法（图3）。是将新宿御苑并为一体进行规划，使

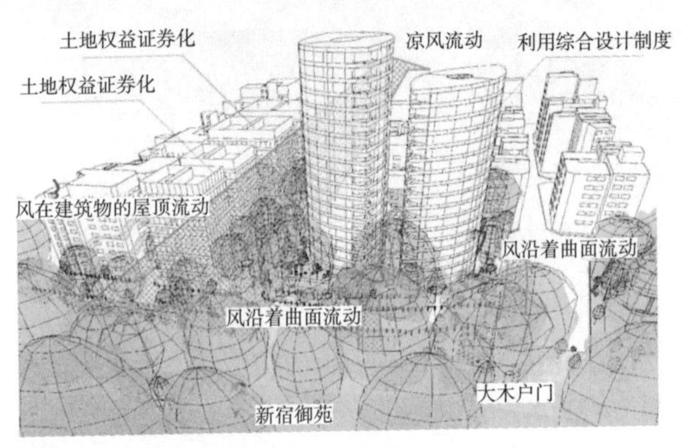

图3　进行全面改善的方法

整个街道成为风的通道。为了实现这个方案，曾尝试了不动产证券化的投资方式作为刺激重建的手法。以前区划整理的通常作法，是把地皮所占的份额按统一的比例削减后进行再分配。若是在繁华街道的商业用地，依靠道路交通四通八达的布局等条件，大楼租赁的货币价值将会大幅度地发生变化。如果由各人自建小楼房，那些建筑物的周围将留下小小的空地，这些空地从街道整体来看，是相当大的量，而这些空地部分不能作为商业利用。如果把空地全面利用起来建成一座大楼，作为共同的建筑物，按每个土地份额实行证券化，进行利益分配的话，可以认为，那些空地部分的租赁利益也提高了，整个地域的收益也会增加。提高街道整体的质量水平，将与提高地域的每片土地的货币价值相关。

●用环境提高街道的价值

根据这个计划，以大规模绿化道路的形式整改步行道，按照区域的划分和建筑物一同重建，设立五条风的通道。除了步行道以外，再把流线型的建筑物全面进行绿化，计划使风在建筑物上面流动。建筑物的高度，现在平均是10层左右，计划把它控制在7层以下。即使这样，在收益方面与10层左右容积率所计算的面积收益并无不同。因为这样一来，从新宿车站和新宿御苑，通过绿色的天桥通道，直接把商业大楼连接起来。由于拉动了人流，也将立体性地增加了具有商业价值的楼层。也就是说，这个方案是提高建筑物的租赁每平方米单价，它不是采用增加租赁楼面积来缓和容积率，而是把价值加算在租赁每平方米上。

把这三种类型的热岛抑制方法通过模拟试验比较了效果后,发现“把现状市区的一部分重新整改法”比“改善现状法”效果好，“进行全面改善法”又比前两种好，根据投入的规模大小，可以明显地看到改善的效果，如果采取“进行全面改善法”，可以预测热带夜将不容易发生。

●绿化容积率的想法

一般说来，国家方面首先倾向于制定单纯的“指标”，它往往成为限制公开空地“绿色覆盖率”的理由。绿色覆盖率的想法从平面上看好像是成立的，但是从空间立体式考虑，矛盾就产生了。例如,超高层建筑物和低层建筑物从平面来看，都认为绿色覆盖率同样是75%。但即使平面的绿色覆盖率是75%，从立体的角度看，人造物体的量和绿色的量之间的比例，也就是以绿化容积率的观点来看，超高层建筑物和低层建筑物有很大的不同。根据绿化容积率的多和少，是决定一方形成热岛，另一方形成冷岛的原因（图4）。

●把风应用在生活圈里

在这里，我要特别谈谈关于风的问题。我在现在的新宿御苑周边北侧街区观测了风的平均流速。从风的强弱看，发现有一部分地区经常处于强风状态，即使大街上也刮着强烈的风；另一方面，也出现了空气几乎不流动的地方。

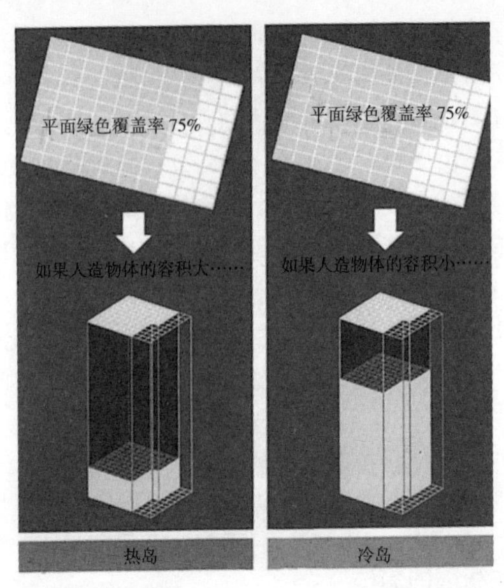

图 4　绿化容积率

当我在街上一边散步一边倾听附近邻居们的谈话时，却出乎意外地发现：原以为人们在御苑周边享受着舒适的凉风，谁知道，“风”竟然不受欢迎。与其说是凉风，不如说强风的日子太多了，影响了大家的生活。当风速达到 5m/s 时，商店的招牌都被吹倒了。如果把这样的强风引入室内，只会使房间里的东西乱飞，以目前来说，风没有得到很好的应用。

建立风的通道，把冷气输送到远处的理论很好，但是，从现实中的结果看，在人的生活圈里，强风难以得到利用，谁也不欢迎，不能成为有用的东西。为了同时解决把风输送到远处的目的，以及包括从绿化带产生冷气的风的利用目的，看来必须把人的行动区域和输送风的区域分开，使两个区域具备不同的功能。在低层区域控制风速，产生人体感觉舒适的弱风；在没有人的高层区域，为了把冷气输送到远处，则利用风势猛烈的强风。

根据“把现状市区的一部分重新整改法”所提出的，以超高层建筑化来达到利用公开空地的方案，也会造成强风流动状态，当超高层大楼建成的时候，大楼的附近就会刮起日常生活中无法利用的强风。

我们已知道，根据“进行全面改善法”中的方案，如果生活在以流线型建造的低层建筑物周围，人的生活圈里就经常处于和风徐徐的状态。

从模拟实验的结果知道，建筑物的高度如果限定在 15m 左右，就可以在生活圈里利用御苑方向吹来的风。越往高空风速越增加，如果建筑物的高度超过 30m，就要经常生活在强风呼啸的地方了。如果建筑物的高度再提高到 50m，就更成为强风区域了。不过，那种强风一旦撞到建筑物上，就会倒卷向它的里侧，使风的流动受到阻碍。

新宿御苑积聚着大量的低温气体，因为强风发生在 30m 左右的高度范围，所以在 25 ~ 30m 的高度范围里，积聚着的低温气体可以随着强风流动，对于顺利地传送冷气到远处可以说是很有效的。由此可以清楚地知道：如果建 2 栋 50m 程度的超高层大楼，这整个区域的空气就不通畅了；不论公开空地有否绿化，御苑的冷气都将无法顺利地传送到远处。

●建筑风道（城市通风廊道）的通风效果

由于建筑物挡住了风，所以在建筑上设置风道作为改善的方法，我们也对此进行了验证（图 5）。证实：建筑上设置的风道，的确可以让风穿过。但是，当风道设在类似墙壁形状的平坦的面上时，即使风势是平缓的，撞到面上的风会集中到风道，穿过这个风道时也将形成相当强的风。若是这样，风的状态也还是难以在生活中利用。

另一方面，根据全面改善法的低层方案，这里是把风道的形状造成流线型，在南风吹入的那一侧种上树，当风穿过空隙时就不会呈现突然卷入的形态，而是分成从顶部滑过的

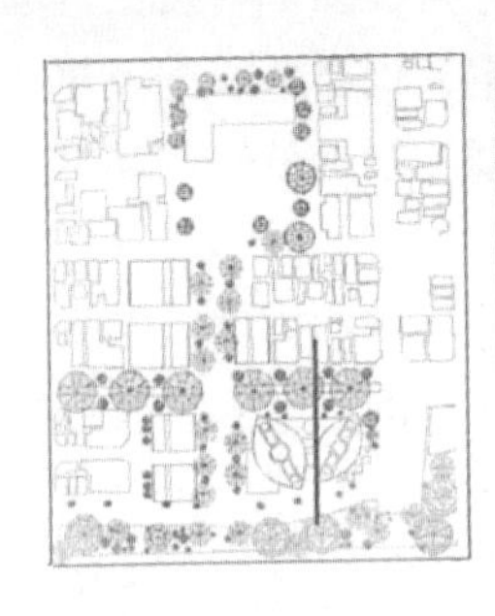

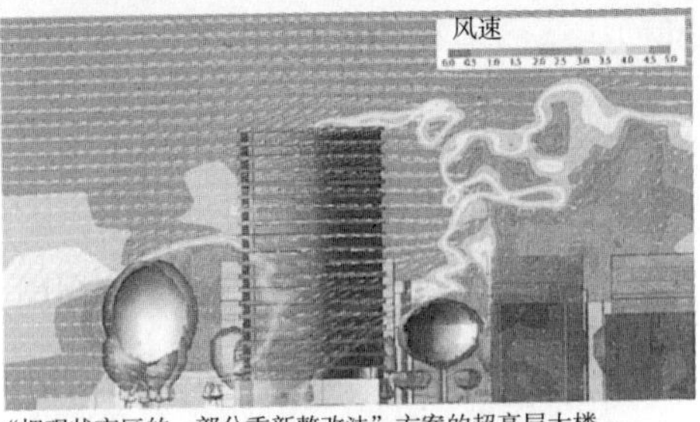

“把现状市区的一部分重新整改法”方案的超高层大楼

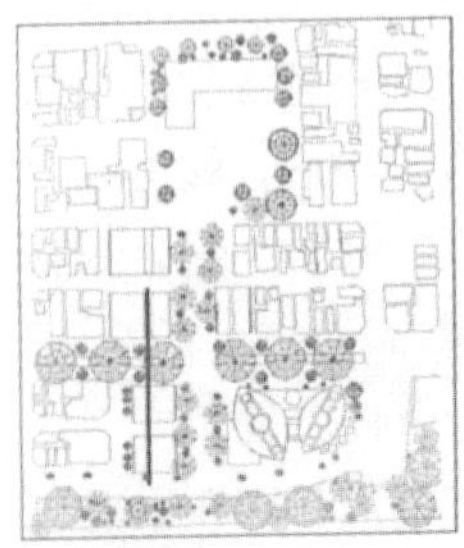

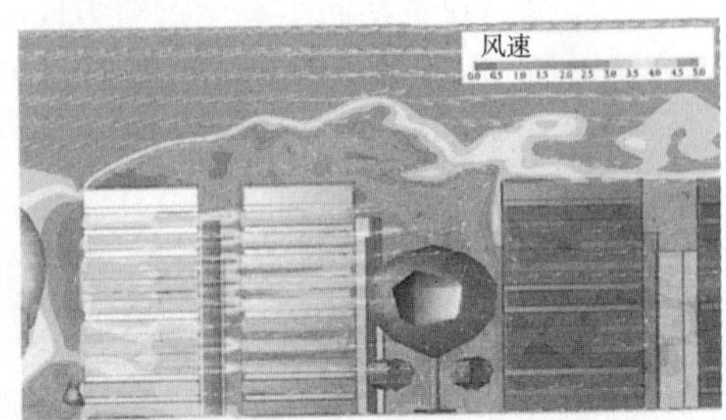

“把现状市区的一部分重新整改法”方案的建筑要点

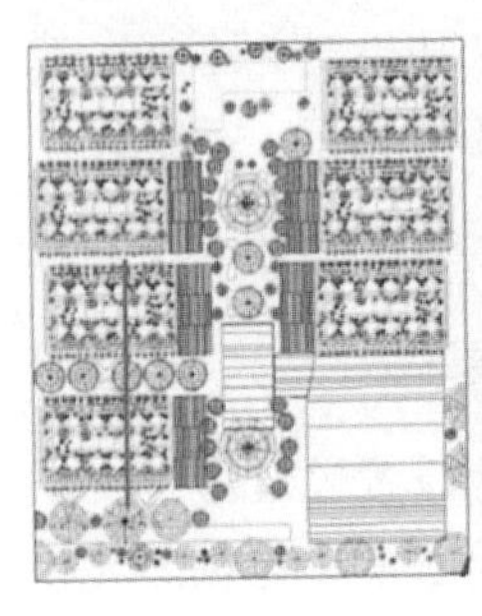

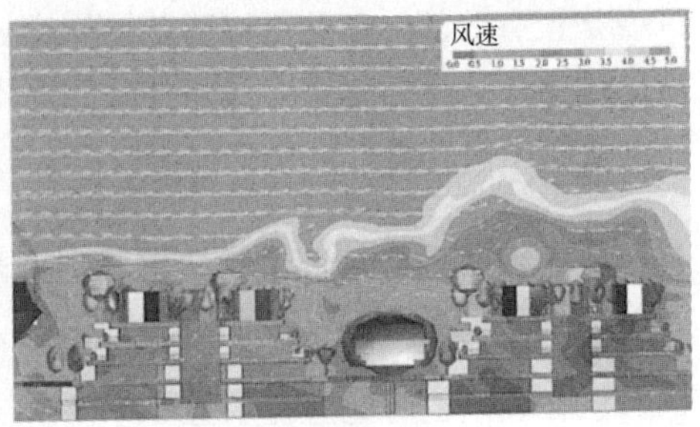

“进行全面改善法”方案的建筑要点

图 5　风的模拟实验图

风和进入里面的风，缓缓地通过。根据低层方案，在人的生活圈里，风缓缓地流动；而在高空，强风则是无阻挡地穿行。

●以人为本的城市规划

我想，当考虑怎样去调整气温、辐射热和热环境的时候，是否也应该同时考虑那个建筑在风里面的实际形态和高度关系，通过对风的流动方向、方式的设计安排，来产生适应人的体感 6 要素的舒适感呢?

我们要把地域里的绿色和水等自然资本所创造的舒适性，巧妙地活用在街道形态和建筑形态里。不久的将来，将是实行以人为本的城市再生时代。

座谈会

需要有统一的观点

寺尾信子 我请教有关学校校舍的绿化问题。我觉得，校园草坪化和墙面绿化的做法一旦开始，围绕这件事，包括浇水和维护管理等，存在的一系列问题，好像都还没有经过充分讨论就被推广起来。想听听关于这方面的意见。

梅干野 晁 正如刚才谈的内容一样，我认为绿化和蒸发冷却方面的技术开发还需要进一步发展，但是，关于绿化和蒸发冷却所必需的水，需要依靠城市和建筑系统的配合。近代，无论城市或建筑都不重视水的问题。如同在古代的城市里可以看到的，在道路规划的同时就考虑到利用泉水的给水和排水的水路规划一样，现代的城市里也必须建立水的系统，我对此深有感受。

从环境保护方面说，不正是制造节能性良好的家电产品与城市绿化建设这两者之间的巨大差别吗？抑制热岛现象的屋顶绿化基底和保水性铺面（透水铺面）、高反射性涂料等种种技术将不断地被开发。

长期以来，我都在呼吁要把绿化产生的环境调整效果尽可能的定量化，不过我认为，今天我们最需要的应该是能够决定性地综合这些效果，并以此作为城市建设的具体手法来提出方案的建筑师。

日照和热容量的平衡很重要

中村勉 当考虑到外墙材料的时候，过去总使用石头之类很重的材料，而最近渐渐换成了轻型的材料。热容量大的材料到了夜里就散发热。如果使用热容量小的材料，热岛现象的原因就减少了。我在考虑，如果在外装修和主体结构之间稍微有点间隔，让空气进入里面，效果会更好吧？想听听这方面的建议。

梅干野 关于热容量，稍早些时候曾经谈论过的被动式太阳能的直接热量吸收就是个明确的例子。不是说大量获取热容量就好，还要正确计算它与日照受热面的关系，谋求窗户上的受热日照量和地板的热容量之间的平衡非常重要，如果弄错就完全不暖和。不如说，有时候热容量太大反而起副作用。也就是说，无论热容量有或无，保持其平衡最重要。我认为决定这个平衡的应该是设计师。

而且，解决方法有许多种，答案不是一个。关于这次主题的热岛现象也同样。混凝土的热容量往往被认为是坏东西，可是，合理地利用混凝土的热容量也能够创造凉爽的空间。水的道理也同样，把水面变浅变宽后，当水流动时，蒸发冷却的效果就很大，如果把一盆水放在太阳下，就会变成热汤。当水深像皇居的护城河和东京湾那样时，上午水温几乎不变，中午水温比气温低。但是，夜间到早上这段时间里，水温比地面温度高。

建筑师与环境工学的接触点

中村 刚才，我们已经知道了地表面和建筑物以及包括整个外墙的外壳显热是重大的事。听说在豪斯登堡（HUIS TEN BOSCH，世界首屈一指的花卉休闲度假中心）的路面上，因为土里有水涌出来，所以石头表面不太热。我在豪斯登堡做过实际的测量，普通的柏油路面是65℃左右，而石头的部分是45℃左右。另外，阳光照不到的地方是30℃左右，所以我认为水确实具有蒸发热量的效果。

为防止材料表面的显热，当我们考虑应该怎样选择材料的时候，会出现各种各样的选择法。听说，其中以水平面的显热最高，西面第二高，但不知道针对哪一种面的材料是最有效果的。一般说，在设计中唯独西面采用不同材料的做法非常困难，大家怎么看?

梅干野 许多的高层建筑，无论哪一面的表面设计，材料都是从上到下一样，而这是理所当然的吗?就像刚才请大家看到的例子一样，以受热的情况而言，它的设计完全是无法接受的。当我们看到日本传统的建筑物时，马上能判断是什么方位的面。如果是南面，因为挑出的房檐有几十厘米长，夏天完全可以遮挡窗外的日照。像这样的做法，难道不是属于环境设计的设计规范吗?

寺尾 我觉得，在环境工学专家和建筑意匠设计者之间，应该进一步建立接合点。虽然我们有许多课题，但是进行沟通的场所好像不足。

会场 我平常从事大规模的建筑设备设计工作，最近感觉到建筑内部的节能技术已经发展起来，即将做完了。我认为建筑外部空间很快就要成为重点。要制定设计标准很困难，如果再开发将形成某种程度的规模，就感到思想统一很困难。要想打破这个阻隔，怎么说才行呢?关于这方面的事，如果有好主意请告诉我。

梅干野 过去我们光是注意了建筑物，而建筑物的屋顶和墙面与地面一样，都是构成建筑外部空间的重要因素。作为景观从热岛现象的观点看也同样。的确，如同这次的主题中也提到的一样，我们正在追求不给环境增加负担的、能够形成舒适生活环境的城市建设。摆脱热岛现象的城市，可以说是其中的一个切入口。

6

从居住入手建造环境

住宅区

由居住者改造自己的居住环境

野泽正光

柏林墙倒塌后的前民主德国的大型住宅区，出现了人口骤减的现象，所以打算以适当规模地减少容积率的方式谋求再生。听到这个消息的建筑师，也关心起日本的住宅区再生。住宅区再生的主人公是谁？在日本的某个住宅区进行了一次尝试，包括金钱、分工和人员都由居住者自己一边动手解决，一边继续维持住宅区里的生活。

遇到住宅区再生的主题

住宅区再生研究会 NPO 创立至今已经 4 年过去了。如果成为 NPO 法人之前的活动也计算在内的话，就有六七年了。

NPO 创立的起因源于一个名叫莱内菲尔德住宅区的故事。这个前民主德国的住宅区充满戏剧性的再生故事在世界引起了轰动。令我最感到吃惊的，是伴随着二十多年前柏林墙的倒塌，暴露出来的前民主德国社会弱点。在前联邦德国很普通的折旧的想法在前民主德国却没有，例如更新机械等维持管理的计划完全没有。在东欧确实有 6000 万户左右，采用大型预制板材施工法建造的预制混凝土住宅，据说居住着两亿几千万人口，而那些住宅正在渐渐成为废墟。东欧的住宅区和产业结合在一起，所以工厂和住宅区双方都在衰退，统一德国的联邦政府和地方政府采取了各种手段，尝试将其重建和再生。莱内菲尔德住宅区就是一个示范例。前联邦德国方的建筑师也参加了改造工程，采用与过去的“东方”不同的思考方式，尝试了各种各样的手法。我们曾经参观了那里。

改成四层楼的住宅。新设置了专有庭院、平台等，实施了大幅度提高性能的改建。为高龄者住户修了无障碍通道（下）

图 1　莱内菲尔德的住宅区再生

不增加楼面积的“减筑”手法

在莱内菲尔德住宅区推行的再生计划，虽然艰难但很有趣，其手法也很独特。具体的做法，我们将它命名为“减筑”，打算把最盛时期的居住人口两万几千人的一个住宅区，减为一万几千人的住宅区，以此为前提引进了施工单位，一边整备基础设施，一边把住宅的规模进行适当地调整。大体上把没有电梯的五层楼住宅至少改成四层楼的住宅（图 1）。

这里尝试了各种各样的再生手法。例如我们说，如果是面积 150 ~ 160m^2 的楼房，基本都是中间有楼梯的“一梯两户”，其左右有住户的房型因为是毗连的，所以每隔一个拿掉一个单元。也就是说，把上面一层拿掉后，把中间各拿掉一单元，因此建筑面积就剩下约 40% 了吧。把过去非人性化的，大面积的墙连成一片的房屋改成了小型的住户，该称它为“小户型的联排式房屋”（联排别墅）吧。或者是，原有的楼房形成两个 L 形。它的拐角处建了电梯房，左右添加了走廊，改成可以通过电梯进入的方式等。在那里进行了各种各样类型的楼房实验，实在非常有趣。

原有建筑框架再利用的新技术

看到这些，更坚定了我们的思想，觉得这项工作在日本也一定会成为需要。在实行再生中，可能产生各种各样的、新建筑里根本不会发生的学术上的课题，此事也受到了关注。例如，把大板结构的住宅切断，再次组合成具有耐久性的结构等技术对应问题，都将产生新建筑中所无法想象的创新技术。

我想，他们所努力进行的工作，如果用一句话来表示，应该是“开放式建筑物系统”吧。荷兰的哈伯勒肯提倡的所谓“开放式建筑物系统”主要就是指：把框架系统和设备系统建好，而房间的隔墙之类则是可随意变动的模式。

这个系统原来的说法是“支撑”和“填充空隙”，日本在许多场合称它为“骨架”和“填充空隙”。所谓支撑（骨架）是指框架结构等主要部分，所谓填充空隙是指装修工程吧？相当于房间的隔断之类。实际上，类似考虑“城市基础结构”的标准一样，开放式建筑物系统是作为“支撑”和“填充空隙”的前提。所谓“Tissue”这个词，我们把手纸叫“Tissue”，或许也可以用来指大片的基础设施，就像道路和产业基础等组成的“网格”一样。在莱内菲尔德的住宅区，怎样从事产业？怎样建立交通网？还有，为了合理改造住宅应当怎么做？还有怎样绿化？也就是说，把“就业”和“环境”及“居住”的三大主张作为“城市基础结构”看待。在这个基础上，一次又一次地反复修改基本规划的同时，推动了整个计划的进展。

欧洲的大型住宅区的再构筑

在 EU（欧盟），尤其在德国来讲，莱内菲尔德住宅区可称是一种特殊化的实验吧。也就是说，在莱内菲尔德试验看看，今后怎么办不知道。我认为，不能再生的住宅区今后也将大量出现。除了莱内菲尔德以外，德国还搞了好几个试验，同时，住宅区的再生改造正在欧洲各地展开。

对于 20 世纪 60 年代到 70 年代间建造的住宅区，最早动手进行再生改造的是英国的撒切尔政权。这些大型集合住宅区是一个叫大伦敦理事会（GLC）的组织建造的生活区和卫星城，对于我们这一代人来说，这个住宅区就像大学里学过的非常重要的资料一样，印象深刻。其中的大部分是把象征“空中走廊”的大型高层接连着的楼房群作为一种特色，它被认为是“文化破坏”（一种暴力破坏——公元 5 世纪蹂躏罗马的野蛮民族汪达尔人的无知和恶意地破坏文化、艺术的行为）的根据，在撒切尔时代，由于爱丽丝科尔曼的批判而进行再生改造。

其手法例如：把又长又大的楼房改变成小户型，把长长的空中走廊切断，把楼房分隔开，在入口处安装只让居住者进入的安全锁。然后把曾经是均等开放空间的地方拆除，改造成私人庭园；或是把小小的人行道改造成大路，把开放空间变成丰富多彩的场所等，进行了多种改造（图 2）。在我们看来，GLC 当时造的集合住宅实际上是非常漂亮的建筑。它给人的感觉是在广阔的绿野中突然矗立的高塔，长长的住宅配置其中。所谓只有公共的空间和私人住宅的这些住宅区，在管理和安全方面受到了指责。于是在英国戏剧性地进行了住宅区的再生，将它们改造成能够管理的安全场所。

又一个典型的例子是荷兰的案例。地点是阿姆斯特丹（荷兰首都，国际港口城市，由100多个小岛组成）的郊外。在庇基莫米尔住宅区，长度80m或100m左右的，蜂窝状的住宅楼相连在一起。楼栋之间就像用80m长的线画出的，六角形的大型开放空间交替存在；整个住宅区也进行了再建，该拆除的部分拆除了，该切断的地方切断了(图3)。也许，这些住宅跟不上社会变化了，或者真有部分朽坏了吧。但不如说，它是对于居住结构的改变，是一种大胆的对应。

在莫扎特住宅区，把空中走廊拆除并改造。正在把开放空间改造成私人庭园，又在每栋楼房的大门口安上锁以确保安全。左边是正在拆除的空中走廊

图2 英国的住宅区再生

阿姆斯特丹近郊庇基莫米尔住宅区里被改建成低层的楼栋。看得见里面原来的又长又大的楼房。那里很快也要改建

图3 荷兰的住宅区再生

我们多次看到了这样的事例，这是我对住宅区的再生、城市的再生产生兴趣的开始。因此我想到，今后的日本，这样的再生也将成为很大的课题吧。

步行中明白了住宅区的价值

作为住宅区里的活动，住宅区再生研究会一直在推行“在

住宅区里漫步”的活动计划。当行走着的时候，人们会重新发现住宅区的周边环境正在发生着戏剧性的变化。40年前，孤零零地建在森林和农田当中的住宅区，不知何时被商品房建筑包围了；相反的，住宅区内的土地，如同沙漠中的绿洲似的成为浓荫覆盖的绿地。这里有过许多令人感兴趣的故事。例如，当时公团（政府经营的特种公用事业组织，如“住宅公团”、“道路公团”等）进行住宅区的开发时，曾经立下一些必须遵守的规定。如建筑工地上的任何土都不许运出外面、购买的土地和周边地的高低一概不能变动等。因为建设中遵照这些规定去做，所以，初期的住宅区很好地利用了地表的起伏状态。公团住宅区的规划手法也根据当事人不同而有种种不同。

这种情况十分有意思。但是也有与它相反的例子。例如，草加松原生活区建在稻田中，看上去一片平坦，说起来是个感觉很单调的住宅区。但是在规划学的教科书中，好像曾经是个优秀的案例。听说它在楼栋的间隔有利于充分日照方面做得很好。但是到那里一看，因为全部排成一行一行的，整个楼栋就像被切成条的羊羹（用豆沙加糖和琼脂制成的一种日本式糕点）似的，从对面的窗户看这排列成行的建筑物，就只能看到一片墙壁似的东西。中间看不到有间隔。因此看前面也好，看后面也好，从自己的房子望去都只能看到连绵不断的墙。像这种非常不人性化的难以评价的例子也有。

另一方面，公团旧东京支社的人不无自豪地认为：他们在住宅区的设计上非常注意楼栋配置和建筑用地的坡度利用。举个例子说吧。百草和高幡两个住宅区在这方面就很出色。当时，曾在公团工作的津端修一先生也参与了项目的设计。那时参加了住宅区基本规划的设计人员都是些30岁上下的年轻人，现在还不到80岁。和他们一起在住宅区里一边漫步，一边可以听到许许多多有趣的故事。通过“在住宅区里漫步”的活动，使我们再一次认识到：当时的住宅区是经过充分考虑后建造

图 4　实行了楼房配置等各种规划的百草住宅区

的，就是今天，它也还是有许多供人鉴赏之处。

当时的住宅区规划中，户型的设计完全要求依照标准设计，所以不可能采用其他的户型方案。至少，也必须按照“一梯两户”的模式设计。设计者们当然都知道英国的 GLC 的研究和结果。但是，应当怎么做才能把体现他们思想的设计规划应用在日本呢？而且，能够建立社区吗？因此他们提出了种种设想，采用了把楼栋简单地围起来（图 4）等方式。设计者决心无论如何要在这个地形中体现自己的思想，他们把车道作为包围楼栋的配置，实行人车分流的规划等，进行了许多原理上的尝试。

设计者以“户”为单位的标准设计作为基础，同时在台阶的设计方案上动脑筋。百草住宅区光是台阶的设计图面就堆得像山一样。例如，配合斜坡一边把标准设计的户型错开半层高度，一边增加了角度。因此，仅仅台阶的式样就非常多。根据建筑用地的斜坡形状，一边每隔半层错开，一边根据等高线一直向上攀登等，进行了多种尝试（图 5）。

邻近的高幡住宅区所处的位置比百草生活区糟得多，位于北面的斜坡上。整个住宅区在平缓的北斜坡上形成一个大弧形，绕着标准设计的建筑物修建了大弯道的公路，一层层的楼房沿斜坡往南逐步向上排列（图 6）。因为建筑用地中间

图 5　各式各样的台阶连接着建筑用地内的斜坡

图 6　建在北斜坡上的高幡住宅区

只能容纳有限的栋数，所以最大限度地安排了大型的楼房，而被绿树围绕着出入不便的一侧，今日的树木量已经非常多。好像那里现在空出的房子都是年轻人入住。我感觉，因为那里的环境对于幼儿的健康成长非常有利，所以有相当多的年轻人居住。

一直到昭和 40 年代（1965 ~ 1974 年）为止，各个住宅区都根据这样的模式进行着建设。当我们今天重新审视生活区的同时也希望大家知道，40 ~ 50 年前的公团住宅区是根据相当严谨的规划建造的。今天，我们要重建昔日的住宅区，可是，现在提出的设计和规划与40年前的模式相比，我却不得不说有许多非常差劲的地方。公团经历了种种变迁到现在，成为UR都市再生机构，在以云雀岗为首的许多地方从事着重建的工作。因为按规定不能采用新的户型方案，所以根据原封不动地沿袭下来的原有模式，以重建事业的形式进行改建。于是，有的地方出现了把楼房高层化，把剩余的土地出售给民间的情况。被出卖的土地由民间的开发商进行开发，将会出现没有任何绿化规划的问题。

即使公团把出租房改建加高楼层后留下了绿地，公团的其他部门也会在楼房旁边的住宅区内建造三层左右的立体停车场，它将占用意想不到的大面积。因此，不管怎样把楼房的占地面积节省出来，都由于另一个大型建筑物的出现而导致公园般的绿色的公共空间消失。我所见到的地方，这类事例就像现在我们正在进行的改建一样。令我们不得不想：公团的建筑用地究竟属于谁？为什么公团必须在这里搞事业？

我并不想批判什么。我认为，如同我们在莱内菲尔德住宅区看到的情况一样，秉承前人的智慧，将其发扬光大，产生新智慧的快乐感，应该属于许许多多与它有关的人共同拥有，不是吗？

希望大家都来参加“在住宅区里漫步”的活动，让我们把昭和40年代的住宅区建设者们怀着理想描绘的美丽的家园图画，把他们的创作意图永远地留在我们的脑海里。

通过修复整改使建筑结构的寿命超过140年

这是当今非常令人瞩目的一个事例，我想大家都知道。它是一幢由建筑师近角真一先生修复整改的，名为“求道学

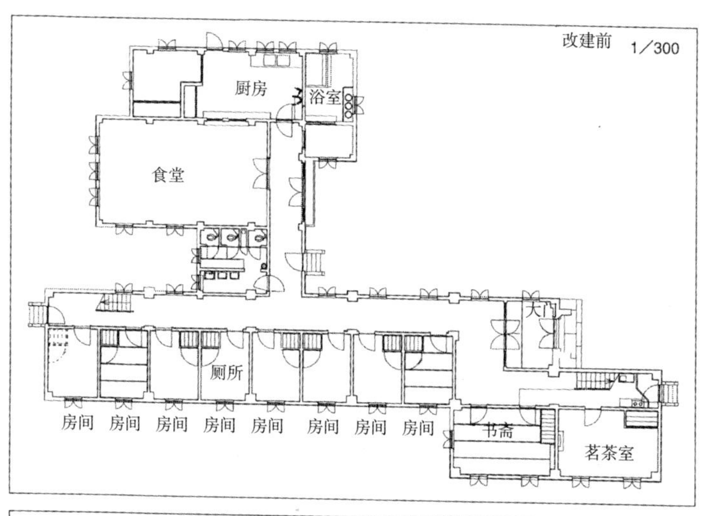

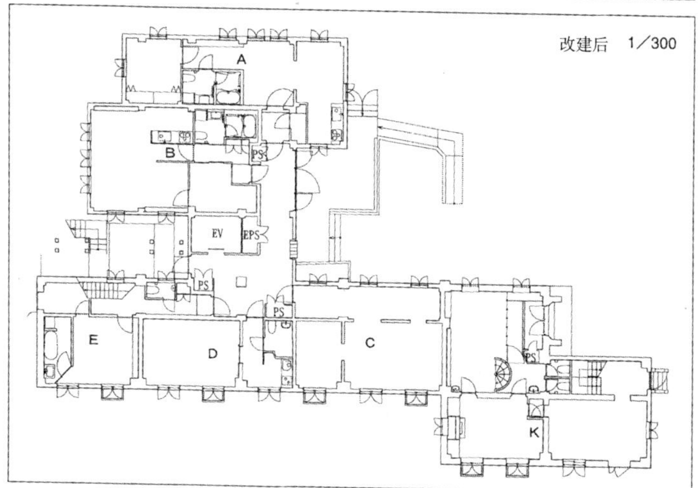

在极力保持改建前模样的基础上，将其改建为集合住宅。入门处设置了无障碍通道，走廊的一部分变成了房屋的空间等，作了各种各样的变更。另外，两个宿舍小房间变成一个住户，还设计了复式结构的房型等。还有层高 3.18 ～ 3.68m 的房间，空间的安排也很丰富多彩。

图 7　求道学舍改建前后的一层平面图

舍”的学生宿舍楼（图 7）。求道学舍已建成 80 年了，听说是东京最古老的钢筋混凝土建筑之一，是关西著名的建筑师武田五一先生建造的。这里是近角先生的祖父，近角常观先生创办的，佛教的“教会”和学生宿舍。近角常观是一位不靠施主提供经济帮助的佛教指导者，他在欧洲看到了教会因而想道：在日本不是也可以建造类似这样的场所，以说教的形式进行佛教的传道吗？于是他建造了求道会馆，位于会馆背后的求道学舍是年轻的佛教学生的宿舍。这个学舍楼已被废弃不用了。

宗教法人为了继续持有这里的权益，打算将其改造。顾问田村诚邦先生提出把高级住宅的系统应用到方案里，近角先生和田村先生共同想方设法实现了这个求道学舍的改建。

土地方面，设定了 60 年的定期借地条约，到期后的两年间作为过渡措施拥有借贷权，也就是说，62 年后土地归还原来的宗教法人。到那时候，住宅的所有者将出卖建筑物所有部分的价值。这是包含金钱在内的、不出卖土地的再生计划得到实现的例子，在日本十分少有。

对求道学舍的建筑框架进行了结构弹性极限应力调查并验证了抗震性，对于建筑框架以外被拆除的部分结构墙重新进行了设计，并且装修了新住房。因为走廊非常宽大，所以把部分走廊的面积划为住房面积。还利用原有的楼梯改造成上下两层复式结构的房型。

通过把两个宿舍房间合并成一户，又结合了宽大的走廊，设置螺旋形楼梯改造成复式结构等，把整个宿舍楼改造成一幢住宅。根据“再生”的特色保留了周围的大树等环境，与装修一新的建筑物巧妙地融为一体（图 8）。

即便 80 年前的建筑框架也能巧妙地再生这件事，今天在日本能够实际地感受，可谓是极其少有的案例。即使没有特地去莱内菲尔德住宅区观看，根据这个案例也应该充分明白再生的可能性和有用性。

从入口处看集合住宅的门厅

门厅。外观继承了改建前的模样，采用半圆形拱门等

一楼 K 式房型。改造成了复式结构

一楼走廊部分

三楼 H 式房型。从大门口看浴室方向。富有特色的拱门与改建前相同

在建筑物的南侧，树原封不动地保留下了

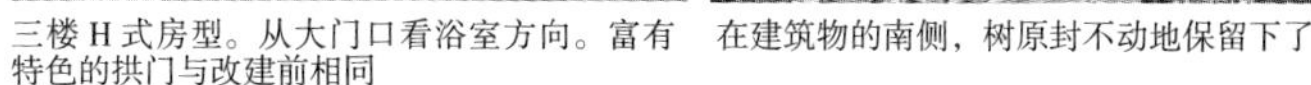

图 8　改建后的求道学舍（摄影：彰国社编辑部）

建筑框架的持续使用是二氧化碳减排的捷径

我认为，对于二氧化碳减排 50% 的课题而言，求道学舍的再生是个非常大的启发，它为我们指出了建筑领域今后的

努力方向。

公团住宅的使用年龄不过是求道学舍的一半，大约40年左右就要拆除。假设，以每隔40年重建一次计算，求道学舍通过再生获得保证的原80年，加上后面的62年即142年间将有4次重建。对于建筑中产生的二氧化碳排放量来说，仅仅建筑框架就可能占总量的85%左右。单纯地说,如果4次重建，二氧化碳的排放量将增加4倍。另外还要加上3次解体时的二氧化碳排放量。

在建筑方面的持续使用，尤其是建筑框架的持续使用，将是对二氧化碳减排的最大贡献。希望我们建筑师以及普通人一定要了解改造方法和再生方法，并且知道通过这些方法完全可以按照人的需求获得舒适度。还有，为了改造和持续使用，为了边持续使用功能边提高建筑物的品质，建筑师必须努力从事技术的开发。

通过整改获得重生的中学校舍

东京都足立区有个中学,是电影故事《3年B班金八先生》中的拍摄现场。足立区政府根据提案把这个建了30年的学校转让给民间开发。听说曾有过许多种计划提案，最终，以改造为东京未来大学福祉系单科大学的方案入选了。

这是座位于护城河畔的旧建筑物（图9）。这个大学的法人委托了北海道的建筑师圆山彬雄先生进行规划，把这里改造成大学校舍，改建工程被积极推进，前不久刚刚完工了（图10）。

为了提高抗震能力，在L型校舍的两个面建了抗震墙。这里实行的再生并不局限于建筑框架。地板的木料竟然也是旧的建筑物里曾经使用过的栎木拼花地板的旧材料，将它再次打磨抛光后使用，只把损坏的部分换掉，所以又变成了做工精细的漂亮地板。

图 9　改建前是中学

图 10　改建后成为东京未来大学的校园

原来游泳池的地方改建后成为大教室。于是，按照惯例大多都是被拆除的，有着近 30 多年历史的学校，又以这样的形式被改造成另一种用途存留下去了。

校舍重新建造了部分不足的结构墙，厕所全部拆除重建，楼里安装了电梯，当然，还在旧校园里新建了图书馆、大学校部、研究室、食堂餐厅等建筑物，通过这许多改建之后，这里就变成了满足大学各种功能需求，符合文部科学省标准的单科大学了。

由此看来，我觉得建筑物通过再生而持续使用的方法在日本也开始进入了实施阶段。前面介绍的事例一个是住宅一个是学校。我们看到:即使出现装修损坏了、表面破旧不堪了、有些部分的性能很差了、窗框坏了、隔热性能不够了、功能改变了等问题,但是,建筑框架并没有被破坏。只要我们知道,对建筑框架采取维修、补强的方式能够使建筑物起死回生的话，那么，改建的方法就有许多。

住宅区再生中不可缺少的制度和组织结构

若问求道学舍的项目为什么成功了？理由是所有权能够集中于一个人。但是，令人头疼的问题在金钱方面。银行只是针对各个分割所有权的人贷款，即向每户房主贷款，这种贷款方式在维持、管理、重建方面非常不便。

在我熟悉的多摩卫星城，有好几个非营利组织，他们自发地积极参与着住宅区的经营工作，其中有许多位非常有能力的金融工作者以及非常优秀的各种专家和建筑师。

举个例子说，当年金融危机时期的存款风险保证金额上限为 1000 万日元；那时候，因为许多住宅区的大规模修缮基金有时多达几亿日元，所以，各个住宅区管理合作社的工作陷入十分困难的境地。假设基金有一亿日元，为了规避风险，就必须分成 10 个账户。为了管理 10 个账户的金钱，会有许多困难。听说在多摩卫星城里居住的外资企业员工中，有人提出了信托化方案。类似这样的对应方法在住宅区里面有许多。这些人把住宅区当作自己的工作领域，开始积极地思考由居住者自己来进行经营管理的模式，既使金钱运转，又让人舒适地生活。

也许我是在班门弄斧，比如说：作为一个住宅区的组织结构，即使建设的时候各方面的安排都很好，但是，包括改建在内，当考虑住宅区再生的时候，它也会成为薄弱环节。当我们只考虑新建筑的时候，认为非常合理的制度和组织结构却成为将来再生时代的障碍，此事确实令人遗憾。建立新的组织结构、制度和想法是当务之急。

也许是个极端的想法吧，我觉得，如果人们离开了住宅区后，将它恢复成公园的做法也不错。也就是说：这里作为一块共有的场地，40年间在人们的居住中形成了如此大面积的绿地，所以，可以采取作为市民的共有绿地的形式，住宅区变身成绿色的公园，所有权永远属于市民，像这样的制度或是结构的诞生是否有可能呢？

关于这个问题，可以参考1850年前后英国曾实行过的名为“国家托拉斯”的制度。它由奥克塔维亚·希尔（Octavia Hill）、罗伯特·亨特（Robert Hunter）、卡农·罗恩斯利（Canon Rawnsley）三人设立。他们根据自古以来实行着的入会权方式，制定了土地使用制度，将英国的贵族们在农村拥有的大片土地作为共有财产（公地）交给下一代继承。这个制度强调了公共、共同使用的权利在所有权之上的理论。一旦某一方破坏了制度，另一方就会站出来抨击；充分说明理由，使人明白道理，就产生了社会性的影响作用。我想，应该怎样做才能使这些思想在日本得到实现呢？

居住环境应该由居住者建造

住宅区应该属于谁？当我阅读了住宅生产振兴财团发行的小册子《家和街道环境》中的内容后，突然意识到：这正是我所想的。小册子中介绍了埼玉县狭山市的新狭山公寓，报道内容非常有趣。我觉得发表了这篇记事文的毛塚宏先生真了不起。他和我同龄，1944年生，东京农业大学毕业，是在这个住宅区里积极地推进了各项建设活动的核心人物。

狭山公寓是30多年前的民间商品房住宅区，占地面积5.6hm^2，建了32栋5层的楼房，居住着770户人家（1830人）（图11）。建成后约10年期间，都只是普通的住宅区模样。可是，住在这里的毛塚先生和他的同伴们带领着这里的居民们，一个又一个地开创了许多活动场所，如香菇种植园、多功能广场、

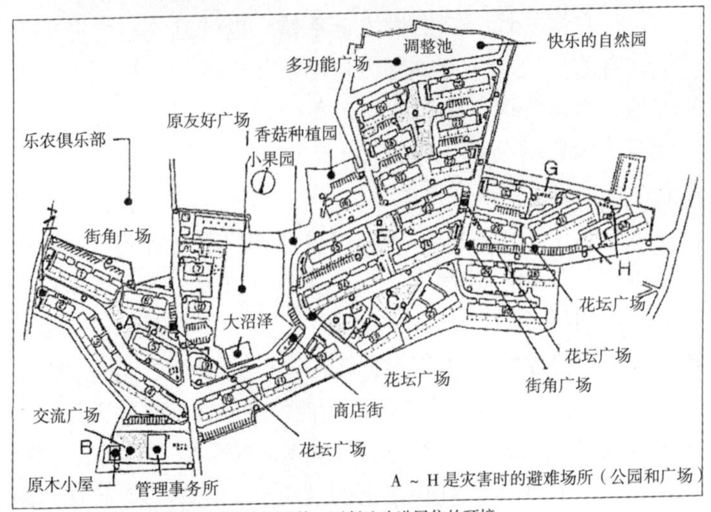

居民们自己在共有空间建设广场和农园等，不断地改进居住的环境

图 11　新狭山公寓的平面图

快乐的自然园、街角广场、花坛广场等，连商店街都建立了。他们利用了住宅区开发时期的一个泄洪池，那是市政用地的开放空间，将它开发成各种各样的场所；我想，这一切与毛塚先生自身擅长农业可能有很大的关系。

这里有保护共有财产的管理公会和经营公社的自治会，其下面分为“儿童养育”、“福利”、“文化”、“环境”等各部门，例如：“思考厨房垃圾再利用会”或是“乐农俱乐部”都属于环境部门。这些都和农业有着密切的关系。

这些组织的事业内容就是绿化的管理经营、群落生境（生物生存空间）的管理经营、厨房垃圾的再利用——这是住宅区的产物，每天都有的大量厨余垃圾。还有制作肥料，共同农场的经营等事业，基本上分成团队灵活地进行。

我请公司的员工把新狭山公寓最近的状况拍了照，就是以下这些照片（图 12）。由于绿化推进部门的长年累月不断努力地工作，所以形成了今天绿荫浓密的住宅区。照片的拍摄

由于绿化推进部门的努力工作形成了绿荫浓密的住宅区

"快乐的自然园"。揭掉了水质调整池的6000片混凝土平板，经历13个月，总共耗时53天，人工800人，自力更生建成。

在住宅区入口处防火水槽上面铺上木板搭建成花坛广场

乐农俱乐部的共同农场

利用住宅区里修剪下的树枝和间伐材烧炭

"原木小屋"。木工小队经历10个月，总共耗时60天，人工830人，全力以赴自力更生建成

图12 新狭山公寓的现在

地点是花坛广场，是在住宅区入口处的防火水槽上面铺上木板搭建而成的。

居民们引进了处理厨房垃圾的机械，这里一年可生产3t有机肥料。

"快乐的自然园"是个水质调整池，是居民们揭掉了6000

片混凝土平板，以自己的力量建造的一个群落生境。乐农俱乐部拥有公共的农场。看来，居住环境毕竟还是应该由居住的人来建造。

这里的人们在30多年的漫长生活中，自主地建造了住宅区的环境。这里不是单纯居住的、被分离的场所，而是周末里人们也在这里生活着，它充满了情趣，并且进行着各种积极的生产。我公司的员工从那里带回了带荚豌豆（美国的豌豆品种），听说非常好吃。

“交流广场”是原来网球场的场地改造成的。每年在那里举行夏季庙会。

在这里，金钱在运转着，事物在变化着，人也在行动着，住宅区的生活就这样地经营着。最近学生们的毕业设计的课题，总是提到共同体，但是，所谓共同体，也许就是像这样有个性的事物吧？令人觉得有趣的变化正在实际发生着。如果都这样做，最初只觉得像羊羹一样排列着的住宅区，就将变成非常有个性的地方。

居民自己经营住宅区

就像前面所说一样，在多摩卫星城等地，人们自发地投入经营的现象正在大量涌现；作为经营住宅区的场所，这些地方的钱在运转，生出钱来，人在行动，周遭的事物也随之发生变化。尤其像多摩和高藏寺及千里或者筑波那样的大型住宅区里，当事者之间的交流和相互鼓励的尝试也实际出现了。

与其说是市民参加的形式，不如说市民本身就是主人公；只要大家承担起责任，把功绩视为与自己有关的，不惧怕失败，社会就将发生很大变化。与此相同的事当然也会在住宅区中发生吧。住宅区中有许多优秀的人才或是社会经验丰富的人，只要这些人愿意站出来，想发挥自己的能力来经营住宅区，或是要管理那个地方，就会涌现出各种各样富有个性的住宅区吧。

变化的活力与住宅区再生

朝日新闻报的星期天版增刊的“b e”中，有个名为“あっと！ @データ的社会研究小专栏，提出了一个问题：约100年前的日本，人口最多的县是哪里？你认为是哪里呢？

那是新潟县。也就是说，由此可以看出农业是何等重要的产业，它创造了何等富足的生活，有着怎样强大的经济力量，是何等的劳动集约型。

今天，我们无法想象新潟县在日本曾是人口最多的县。令我感到吃惊的，是在这短短100多年中社会发生的巨大变化。我想今后还可能发生非常激烈的变化。因此，关于城市或城镇今后发生变化的趋势，我不知道能否刹车了。

我还认为住宅区也许会消失。因为今后存在着以相当快的速度，采用其他更大的变化方式的可能性。到了那时，怎样建造生活的场所这类问题，也许已经和怎样把某个住宅区再生的问题联系起来了。如果我们能够很有创造性地从事改造工作，很可能带来非常有益的变化。

住宅区再生与生活援助系统

持田昭子

●从生活行为思考住宅区再生

我从“生活成立[*1]”的观点来思考住宅区再生问题。

人类生存在一个时间段中这件事本身，就具有从外界把物质吸收到身体中，在体内同化、异化、代谢一条线的关系。个人生活中有各种各样的场面，如吃饭、睡觉、游玩等，这些生活行为[*2]构成生存的基本内容。我想通过这些基本的生活行为，探索住宅区再生的大主题。

实际上，现在的日本，经济方面经过大量生产和大量消费的时代，进入了成熟期；观察人口的结构，从社会层面来说也进入了少子老龄化社会的时代。在这种变化过程中，从第二次世界大战后一无所有的时代到应该说是丰衣足食的今天，出现了许许多多的生活问题。

其解决方法之一，是采取了社会保障制度进行对应，但是，这种方法能够解决的问题具有一定的局限性。原因在于：社会保障制度的大范围包括了生活保护、年金、疾病护理、医疗四大支柱；但是，保障制度无法圆满地应对人们每天要面对的形形色色的问题。

在人们的生活中，可以分为能够自立的和不能自立的生活。一般情况下，对于我们来说需要他人看护的，即“生活不自理[*3]”的状态无论谁都会有两次的经历。第一次是从出生到能够自立的儿童时期。第二次是随着年龄增大身体的机能下降的时期。还有一个就是身体有了残疾，需要他人看护的情况。

●住宅区是少子老龄化社会的缩影

我在大约4年前，开始进行住宅区的生活再生研究；我在那里发现，住宅区里面也完全处于少子老龄化社会的状态。高龄者非常多，而孩子们非常少。例如，若是旧的住宅区，虽然是五层楼却没有电梯。在高龄人群中，腰腿有毛病、连下楼扔个垃圾这样简单的事都很困难的人正在增加。

我听说，昭和30年间（1955 ~ 1964年）建成的住宅区，当初，在住宅的周围，缺乏生活所需的公共设施和商店街等基本设施，非常不方便。于是，居民们通过各种各样的运动，自己争取到了这些基本条件，因此生活也越来越便利起来了。但是没有过多长的时间，紧接着又有新的问题出现了。

进入20世纪90年代后，有部分住宅区开始了改建。可是，被改建后的住宅区并没有实现适合高龄者，或者是适合幼儿成长的要求。在我具体从事研究的住宅区中，住宅区自治会里成立了"思考高龄者生活之会"的活动团体。一位80多岁的男性担任那个部会的会长，会员主要是70岁左右的女性。于是，他们拼命地想解决自己的生活问题，不断向市里、县里以及国家反映情况。但我听说，虽然他们作了许多努力，但是问题一个也没有得到解决，10年的时间就这么过去了。

在过去的年代，高龄者的问题也好，儿童的问题也好，历来都是在家族中去解决。但是，以今天来说，地域和家族都多样化了，其意义也不同了。女性参加社会工作的现象也增多了，家族内部陷入了难以应对此类问题的状态。

●婴幼儿食物依靠家庭餐厅

在住宅区的调查中发现了另一个问题，就是发生在孩子们身上的深刻的吃饭问题。

因为母亲到外面工作，吃饭的情况的确改变了。当我来到东京圈的某个地方城市进行调查时，发现了一件十分吃惊的事：当地有许多家庭餐厅，却几乎没有客人进来。我是在午间进行调查，特别感到奇怪的是为什么有这么多的家庭餐厅，不过，当我到保育所去听了保育员的谈话后，第一次明白了其中的原因。

早上7点时，父母亲把孩子送到保育所里，大多数情况下，母亲在傍晚7点来接孩子。然后，母亲带着吃奶的孩子和其他的一个或两个孩子到家庭餐厅去。母亲和孩子吃过饭，回到家里已是晚上10点了。吃奶的孩子就这么睡了，所以就把他放到床上，早上6点起床，7点再送进保育所。听说孩子的尿片衣裤什么都不换，饭也没吃就带到保育所去了。因此，保育所的保姆阿姨们从早上开始就要给孩子们换尿片、洗澡、喂早饭，这些直到不久以前都是无法想象的事，现在却必须由保姆阿姨们来做了。

家庭餐厅里提供婴幼儿食物。但是这些婴幼儿食品每天都无变换，只有同一种菜单。孩子们从婴幼儿时代开始就只靠家庭餐厅的一种菜单提供营养，长大后脱离了婴幼儿食物的孩子就吃汉堡和蛋包饭。母亲们好像吃些更随意挑选的食物。这样的行动模式今天正不断涌现出来。

直到不久以前，儿童和高龄者还都是由家族成员负责照顾。可是，家族产生了小家族的分化，而且，那些小家族的状况又在发生着形形色色的变化。家庭餐厅的婴幼儿食物这个现象，说明就连孩子们的饮食教育这样的照顾和看护的行为都要在家庭以外进行了。

●怎样把照顾和看护的行为外部化呢

当今的社会中，正在发生着这样的照顾和看护行为外部化现象。

住宅区刚建立的那个时候，各种设施完全没有。学校、保育园、购物中心等社会资源尚未形成。从一无所有开始，当地的居民们建立了自治会，大家同心协力开展了争取社会资源的运动，要依靠自己的力量去实现一切。

但是，今天发生的问题，不是“物质”的不足，而是“生活本身”的原因。于是，对于照顾和看护行为外部化问题，正迫切地要求居民们自己去建造一种社会装置的新运动体。

这个运动体与历来要求获得“物质”的运动不同，它要求当地的居民每个人都站出来，朝着实现要求的方向，去建造支持“生活本身”的装置。我把这个社会装置称为“生活援助系统”。它关系到住宅区再生的工作。

●作为社会装置的“生活援助系统”

个人的生活随着产业和就业结构的变化连动，也一天天地旧貌换新颜。地域组织以及新的家族关系也同时诞生了。在这里面，怎样使每一个人实现自己的生活呢？

今天的日本，已进入了第三产业的社会。当然产业结构是多层化的。第一产业或第二产业都有中心地区。如果把欧洲和日本进行比较，从第一产业过渡到第三产业的过程，欧洲用了 350 年的时间达到了今天的模样，而日本只用了 150 年就超越了高度经济成长期达到今天的状态。

在 20 世纪 60 年代，日本最初建设住宅区的时候，这类住宅非常受欢迎，参加入住抽选的竞争率相当高。它曾被誉为“憧憬的生活”、“理想的住宅区”。可是，居民们遇上了新的问题，入居后发现那里没有任何生活设施，在此后大约 10 年间，住宅区的生活都非常困难。

因此，我个人考虑到一个解决的方法，就是在这样的地区建立生活援助系统。现在，有钱人能够以各种各样的方式使用很多对人的社会服务（社会保障中、所得保障服务以外，以人为对象直接提供的服务，包括保健服务、社会福利服务、医疗服务等）。这是作为第三次产业，也被称为经济消费的最后的大产业。但是，根据现有的状况，一般的人都必须依赖年金和部分的存款来生活，不可能全面地依靠这个对人的社会服务。尤其在10年后的社会，80岁以上的后期高龄者人口将大大增加。为了帮助这些人群，必须建立起非私人产业形式的看护系统。

●沿着生活轴心整顿基本设施

现在，住宅区里面基本能够自立，生活需要的基本设施配备已经实现。今后，为了把基本设施的需求从原来的生产轴心转换到生活轴心方面来，就有必要整顿基本设施。

考虑到以生活援助系统为中心时，虽然有各式各样的服务供给体，但是，它们还有必要进一步根据众人的不同生活，在社会中出现多样化的形式。并且，这些服务不是众人平均的需求，而必须是能够接受多种形态，根据各种各样的人具有的各种各样的需求。如果这样做，就成为符合众人生活需求的形式。它将促使新的生活共同体产生，如果这些现象进一步发展，将成为超越地域的事物。

●生活援助系统将建造新的共同体

这个新的共同体的发生，将从原来的、作为“物”的基本设施转换成以生活轴为中心的新的基本设施，各个地域将连接起来。人们运动的理想状态也必须从过去的社会资源获得运动转变成为建立生活援助系统社会装置的运动。

为了建立这种生活援助系统，作为社会性角色之一，我正在考虑以下的组织结构。根据莱斯特·M·萨拉蒙（Lester M. Salamon）的扇形理论[*4]，将采用行政、民营和市民协同的方式；因为行政、民营和市民这三者都有自己的擅长之处，这样就能使各自的长处得到发挥。我认为这种手法不仅适用于住宅区，也包括大城市、地方城市、农村等，与地域差别无关，基本上都可以用。

具体的内容是：以人的生活为中心的需求方面有硬件的也有软件的，硬件是维修系统的确立，软件是包括了对人社会服务的生活援助系统的确立。可以认为这两方面形成两个车轮，并行着向前发展。

由于这些方面的发展，将导致今后的新居住形态产生。人们的生活从原来的“作为看护系统的家族”进入“建立居住地内生活援助系统”的新阶段。所以，生活将进入一个完全崭新的阶段。因为在家庭中接受看护的人在地区中将被作为社会服务的对象对待。因此，进入了与过去的生活完全不同的崭新阶段。我认为，这种新阶段将使人们的生活从原来的“以物为中心”转变为“以生活为中心”。于是，其结果将按照以下的顺序形成新的居住地。

最初，在人们现在的居住地里，作为新的社会配套设施的生活援助系统一旦出现，接下来居住地内就将发生新的居住形态。这是包括看护在内的形形色色与生活援助有关的内容，促进了新的居住形态产生。这种形态在居住地内被称为“带看护的住宅”或是“带生活援助住宅群”，它带动了新型住宅群的发生。其结果，独自一人难以生活的状态找到了解决的方向。

于是，伴随着新居住地的形成，产业结构从历来的生产轴转向生活轴，以生活为中心的新就业形态就产生了。它与至今为止的生产轴为中心的大企业体不同，形成了想方设法去迎合人们需求的，充满创意的小集合体。以提供服务的据点为中心，通过辅助方式等，不仅为住宅区，也能为其他居住地提供服务。然后，还考虑进一步，通过使用新的情报系统，能够更快更好地开发服务的方向。

我想，如果生活援助系统朝着这个方向发展，推动了住宅区的再生，那么，人们能够持续居住的住宅区就诞生了。

（註）

※1、2、3　持田照夫「邑態論——新しい生活科学の提唱」（復刻・増補）NPO法人生活科学研究所、二〇〇四年

※4　Lester.M.Salamon,"America's Nonprofit Sector",The Foundation center,1992（邦訳：入山映『米国の非営利セクター入門』、ダイヤモンド社、一九九四）

座谈会

忘了墓地建设的住宅区规划

野泽正光 关于40年前的住宅区设计，有一个被忽视了的问题，这就是住宅区的老龄化。在未来的40年后，要考虑的老龄化、少子化问题，我们掌握了多少呢？如果暂时的高峰过后，也可能在后面形成少人口化的非常平衡的人口结构。

多摩新城的居住者等从事住宅区经营管理的每个人都兴致勃勃地干着自己的工作，这对我是一种支持。他们不是厌烦地工作，而是认识到：自己来干，自己就是当事者。在某种场合，也许这种思考就能产生金钱。因为这里的人们对包括景观在内的基本建设的优势性具有信心，这里也有足够的人才。

另外，在至今为止的住宅区设计中被遗忘的是“墓地”的建造。如果在住宅区里长期居住，墓地就成为问题。所谓少子老龄化也许就是死者的话题。

我们始终认为，日本是个福利社会管理方面非常良好的国家。也许我们不能期待国家来做所有的事情，例如军备和外交由国家负责，其余的事则由我们国民自己做，作为当事人的当地居民应该成为社会的核心骨干。但是，以现状而言，我们的制度等社会结构总是成为阻力。

会场1 我是家有小孩的母亲。家庭餐厅的问题作为现实的问题长期引起我的关注。我在白金港区的商品房住宅区里租房居住，很有兴趣想了解你们所介绍的新狭山住宅区的具体情况，需要怎样才能办到呢？我从来没有种过菜，一开始需要有人教，但我想只要体验后就能明白它的好处，所以有机会我希望试一试。

持田昭子 家庭餐厅的问题是它的内容。利用者应该表达自己的要求。民营企业也不能只顾挣钱，必须根据消费者的需求进行改进。为了使我们的生活变得更好,这是一个需要企业、行政和市民同心协力的时代。

住宅区经营和归属的问题

中村 勉 野泽先生介绍的前民主德国，土地原来就属国家所有的吧。追溯它的历史，前民主德国和前联邦德国的住宅区都是以西门子等公司建立的住宅区为基础，但与日本的情况相比，再生的方法论方面如果有什么好法子请赐教。

野泽 在欧洲，如果有人说“这是我的公寓”，实际上多数是定期借地权的房屋。就是购买了 99 年的所有权那种感觉。就以英国而言，房屋最终的所有者是房屋协会。协会掌握有几千户房屋的所有权。

中村先生提到的西门子住宅区的事我也听说过。即使把自己公司的宿舍改建后出售，那也只是出卖了使用权，所有权依然保留在某个协会。

重要的一点，就是要把所有权归拢到一起，不让其变得零零碎碎。在多摩新城，进行住宅区经营之际，也考虑由住宅区管理合作社之类的组织把空房收购下来，或是在用户到一定年龄时,把“所有权”寄存到协会里。如果能够把“所有权”集中管理，住宅区的经营就容易了。

认真地思考这些问题的是居住者们。建筑的专家成为他们的后盾，把自己知道的知识作为情报提供服务不正是工作吗？我认为，就是在日本社会，居住者也拥有开创新市场的能力。我积极地看待这件事。

中村 在欧洲，不是每个人都有独立的居住空间，也存在着合租房。日本也有这种趋势吗？

野泽 早川和男先生在神户大地震之后写了一本书，书名《居住福祉》。书里说，居住问题不属国土交通省的管理领域，是厚生劳动省的管理领域。像医院和养老院这些地方确实都是人的居住地。我们不能不把大家住在一起的状态称为居住。住宅区的最糟糕点在于入居者基本都是年轻人，居住人员的年龄层平衡。因此，入居者将一起步入老年。那么，怎样把入居者的年龄层混合起来呢？有计划地推行瑞典小住宅那样的发展吗？如果产业回归到地方上就能办得到吗？我们不知道，但是我认为，这种动向对于居住地的经营将是一种助力。

法律和制度应该灵活地应用

会场2 东京都内的旧建筑物改建计划持续推行了10年左右。这是一个占地规模2万㎡左右的，昭和30年代建成的学生宿舍。由于建筑标准法不能适当地发挥作用，对于这里的改建工作形成了很大的障碍。旧建筑物不合格的内容是“日影”和“高度”等问题。这关系到自治团体的许可申请制。在改建原有不合格建筑物时，有的采取减层改建的方法，只拆除四楼，改为三层建筑等。我听说过：“德国的标准法是依据建筑物建成时间点的法律。”而日本的情况则是：“每当发生什么问题，就改变法律”。对于改建中出现的非本质性的法规制度，总觉得想不通。改建与环境问题也有很深刻的关系，所以在改建方面，关于法律应用的枝叶部分，希望能够灵活地对待。

中村 确实有必要改变法律和制度。我想，如果能够把成为绊脚石的法律废除，增加刺激动力的制度，对于削减二氧化碳排放量的研究，大家不是更有干劲了吗？国土交通省强调说：只要遵守节能法和建筑物综合环境性能评价系统就很好。现在国际上有《京都议定书》的目标达成计划。但是，其中有漏洞，申报制度的限定条件是2000m²以上的建筑，并且是“指导”，而不是规定的义务。整个计划的执行是以宽松的方式推行。经济产业省对此的态度也不坚决，虽然在产业产品的二氧化碳排放量削减问题上做得很好；但是另一方面，都认为日本的绝大部分使用能源都依赖核能发电，一定有助于解决日本的环境问题，因此各方面的计算和思考都基于这种认识。

改变国土交通省和经济产业省的想法已成为重大的课题。因此，我认为必须加强影响力，把获得大家赞成的方案强有力地推出。

结束语

此书作为2005年10月发行的《环境建筑导读》的续篇。根据日本建筑师协会（JIA）环境行动委员会举办的“环境建筑连续讲座”的内容收录，前书收录了8个讲座，本书收录了6个讲座。

成为主题的“公元2050年”，作为21世纪中间的年头，具有特别的意义。预测10年、20年后不久的未来啦，预测100年、200年后遥远的未来等这样的事经常进行；可是，描绘“约半世纪后的城市形象”，以它为基点追溯现在、描述情节，也就是逆向推理的思考方法，正是近期最引人注目的事。

当以上内容在社会上即将形成话题之时，我们开始了新讲座的策划。和前面编写的《环境建筑技术学习丛书》目的不同，它组成了“从各种各样的专业领域，对未来城市形象的理想模样提出方案的系列”。列举其中主题，包括了城市、水、农、绿、热、住等方面，每个内容都很丰富，成为不负众望令人喜爱的系列文章。

日本建筑师协会在1999年5月制定了《环境行动方针》，根据这个方针，在同年7月成立了环境行动委员会。开始活动以来，展开了与“行动”之名相称的积极的活动。建筑师大会2007东京（JIA20周年纪念大会）的准备中，因为主题“环境的世纪与建筑师”的关系，本委员会担任了主程序的策划工作，提出了“向着2050年再生”的大会副标题。

此外，作为发展中的UIA（国际建筑师联合会）2011东京大会学术程序部会的一员，提出了世界大会主题“Design 2050”。

活动方面，有图书出版事业、参与协助设立“环境建筑奖”等有关活动，并开展了环境数据表的研究、整理，举办环境建筑连续讲座，组织环境建筑参观团等工作。讲座从2004年

4 月开始，到 2007 年 6 月，总计 22 次。举办讲座之时，每次都有大量的工作需要有人做，策划、讲员联系、日程调整、广告单制作、宣传、申请接待、散发资料制作、会场准备、记录等，这一切都是由 JIA 事务局和环境行动委员会的义工负责完成。因为邀请的都是些非常出色的讲员，所以无论哪一次讲座的内容，都给与会者带来一种恍然大悟、茅塞顿开的感觉。可惜准备匆忙，没有足够的宣传时间，如此卓越的讲座，有时候只有少数的听众前来参加。

得力于近年来 IC 录音机性能良好的帮助，从第一次的讲座到现在，一次不漏地全部录了音，这件事对于我们委员会来说是个巨大的财富。又得到出版的机会，以书籍的形式让更多的人看到它，对于讲座的策划者而言是极大的喜悦。在有限的预算和短时间里，从播放录音带到第一次原稿的整理，主要由委员会的义工们进行。这是一项艰难的工作，但是在多次播放录音带，反复地听着讲义的过程中，有时候重新意识到一些讲座的当天没弄懂的深奥的内容。我们体验了只听一次所得不到的宝贵瞬间。这也是把它作为书籍出版的意义。

在短暂的编辑期间，承蒙各位讲师先生于百忙中体察本书的出版意图给予协助，谨此表达深深的感谢。另外，结束之际由衷地感谢彰国社以及担任编辑工作的铃木洋美先生的大力帮助。

寺尾信子（JIA 环境行动委员会副委员长）

2007 年 9 月 26 日

日本建筑师协会　环境行动委员会（＊编辑干事）

委员长

中村　勉（MONOTSUKURI 大学特别客座教授 / 中村勉综合计划事务所）

副委员长

寺尾信子（寺尾三上建筑事务所）

委员

林　昭男（滋贺县立大学名誉教授）

野泽正光（野泽正光建筑工房）

岩村和夫（武藏工业大学 / 岩村工作室）

野原文男（日建建设）

伊藤　昭（日建建设）

中村享一（中村享一设计室）

花田胜敬（HAN 环境・建筑设计事务所）

善养寺幸子（OOGANIKKUTEEBURU 公司）

井口直巳（井口直巳建筑设计事务所）

滨田明彦（日建设计）

伊藤正利（伊藤建筑事务所）

滨田 YUKARI（人・环境计划）

永松贤一（永松贤一・游建筑研究所）

板桥弘和（久米设计）

中村美和子（武藏工业大学）

筱　节子（原・ARUSEDDO 建筑研究所）

袴田喜夫（袴田喜夫建筑设计室）

儿玉钦司（环境工作室）

顾问团

河野好伸（生态研究）

小玉佑一郎（神户艺术工科大学 /ESUTEKKU 计划研究所）

伊香贺俊治（庆应义塾大学）

野城智也（东京大学）

梅干野晁（东京工业大学）

宿谷昌则（武藏工业大学）

田边新一（早稻田大学）

圆满隆平（金泽工业大学）

田村富士雄（久米设计）

大西文秀（竹中工务店）

持田昭子

1942 年　旧满洲国新京市出生

1965 年　前桥市立工业短大毕业（建筑）

1972 ~ 1998 年 偲・生活文化研究内所工作

2003 年　NPO 生活科学研究所（理事）至今

日本建筑师协会环境行动委员会（编辑干事）

中村　勉

1946 年　出生于东京都

1969~1977 年　东京大学工学部建筑学科毕业

1969 ~ 1977 年　槙综合计划事务所　所员

1977 ~ 1988 年　担任 AUR 建筑・城市・研究顾问董事副所长，现为中村勉综合计划事务所负责人，MONOTSUKURI 大学特别客座教授

日本建筑师协会环境行动委员会委员长

【代表作品】

“横滨市立港北小学校”、“大东文化大学板桥校园”、“奈良县菟田野小学校”

【主要著作】

《Reality，Criticality and Quality》(建筑杂志社，2007年)，《环境建筑导读》(责任编辑、日本建筑师协会、彰国社，2005年)，《校园变革》(合著、彰国社，2000年)

寺尾信子

1952年　东京都出生

1975年　横滨国立大学工学部建筑学科毕业

1977年　同大学硕士课程结业

1981年　寺尾三上一级建筑士事务所开设

1991年　寺尾三上建筑事务所设立、至今

日本建筑师协会环境行动委员会副委员长

【代表作品】

"横滨港口地区·再开发事业中一系列的权利者住宅"(1994年)、"住宅·城市整修公团村筑波松代"(1997年)、"城市再生机构 Heart Island 新田二番街12·13号栋"(2004年)

【主要著作】

《环境建筑导读》(责任编辑、日本建筑师协会、彰国社，2005年)

林　昭男

1932年　群马县出生

1955年　早稻田大学建筑学科毕业

1958年　同大学硕士课程毕业

1960年　一级建筑士事务所·第一工房

1986年　林昭男建筑研究室负责人

1995年　滋贺县立大学环境科学系教授

2003年　滋贺县立大学名誉教授

日本建筑师协会环境行动委员会委员

【代表作品(负责人)】

"大阪艺术大学校园规划"(1964～1986年)、"中部大学校园规划"

（1975 ~ 1986 年）、“东京都立中央图书馆”（1972 年）

【著作】

《可持续发展的建筑》（学艺出版社，2004 年）、《生态设计》（西姆·范·德·莱恩 + 斯图尔特·考恩著，共同翻译，生命城市杂志，1997 年）

永田昌民

1941 年　大阪府出生

1969 年　东京艺术大学美术研究科硕士课程结业

1969 ~ 1973 年　加入同大学奥村昭雄研究室，参与爱知县立艺术大学校园规划

1973 ~ 1976 年　ALP 设计室

1976 年　与益子义弘创立 M & N 设计室

1984 年　改名 N 设计室，至今

【代表作品】

“狛江之家”（1977 年，《住宅建筑》1977 年 11 月号）、“白金台之家 I ”（1994 年，《住宅建筑》1994 年 6 月号）、“所泽之家”（1999 年，《住宅建筑别册 49》1999 年 6 月）

【主要著作】

《住宅建筑》（2007 年 4 月号，永田昌民的设计思考）、《能够容纳多人生活的小房子》（合著，OS 出版社，2003 年）、《“住宅设计方法” 永田昌民 · N 设计室的工作》（《住宅建筑别册 49》1999 年 6 月）

梅干野晁

1948 年　神奈川县出生

1971 年　东京工业大学工学部建筑学科毕业

1976 年　东京工业大学大学院博士课程结业

1976 年　东京工业大学工学部助手

1981 年　九州大学大学院工学研究科热能系统工学专业助理教授

1986 年　东京工业大学大学院综合理工学研究科社会开发工学专业助理教授

1993 年　东京工业大学大学院综合理工学研究科环境物理工学专业教授

现在，同大学环境理工学创造专业教授。工学博士

【主要著作】

《通过立体绿化谋求环境共生——从方法、技术到实施事例》（共同编写，软科学出版社，2005 年）、《设计资料集大成》（丸善，“综合篇”及“环境篇”，作为环境部会长参与策划、编辑、执笔）、《居住的环境学》

善养寺幸子

1966 年　东京都出生

都立工艺高校　金属工艺科毕业

都立品川高等职业技术专门学校　建筑制图科毕业

1993 年　设立钢岛幸子设计事务所

1998 年　一级建筑士事务所 改名 OOGANIKKUTEEBURU 公司

2001 年　OOGANIKKUTEEBURU 公司实行法人化，任社长

2006 年　生态能量实验室设立，任社长

至今

【代表作品】

“神奈川县川崎市 –S 邸”（2004 年），“东京都文京区 –Y 邸”（2004 年），“东京都杉並区 –K 邸”（2003 年）

【主要著作】

《建筑师随笔 2》（共同编写，丸善，2005 年），《环境事务的女性观》（合著，日经 BP，2005 年）

野泽正光

1944 年　出生于东京都

1969 年　东京艺术大学美术学系建筑学科毕业

1969 年　大高建筑设计事务所

1974 年　野泽正光建筑工房设立，至今

【代表作品】

“阿品土谷医院”（1988 年）、“岩村和朗美术馆及工作室”（1998 年、2003 年）、

"长池自然中心"（2001 年）

【主要著作】

《与环境共生的建筑》（建筑资料研究社，1993 年）、《住宅是用骨架加外壳加机械建成》（农村渔村文化协会，2003 年）、《地球和生存的家》（INDEX COMMUNICATIONS，2005 年）

柴田 IDUMI

出生于东京

早稻田大学理工学部建筑学科毕业，同大学院硕士课程结业

作为法国政府公费留学生赴法

法国国立建筑学校毕业

1976 年　柴田 IZUMI 一级建筑士事务所设立

1988 年　柴田 IZUMI 建筑设计事务所设立　任社长

1996 年　滋贺县立大学环境科学部环境计划学科环境和建筑设计专业教授至今

2001 年　柴田 IZUMI 建筑设计事务所和 SKM 设计计划事务所合并，改名柴田知彦・柴田 IZUMI+SKM 设计计划事务所，至今

【代表作品】

"驻日法国大使馆职员用集合住宅（东京都港区）"、"JR 矢吹地铁车站 + 周边设施（福岛县）"、"行桥地铁车站连续立体高架桥及车站周边计划（福冈县）"

【主要著作】

《朝香宫廷的艺术装饰（19 世纪 20 年代至 30 年代流行的艺术样式，以直线基调简单，装饰大胆为特征）》（共同编写）、《从 0 排放开始的城市建设》（共同编写）,《建筑师的职责　未来的城市》（合著,日刊建设通信新闻社,2006 年）

系长浩司

1951 年　出生于东京

1986 年　日本大学教员，现在，生物环境工学科教授

环境建筑师，工学博士

NPO 法人朴门中心日本代表理事

【主要著作】

《系列地球环境建筑・专门篇 1/ 地域环境设计和继承》(日本建筑学会编辑、合著和编辑负责人，彰国社，2004 年)、《2100 年未来城市之旅》(合著，学习研究社，2002 年)、《系列地球环境建筑入门篇 / 地球环境建筑的推荐》(日本建筑学会编辑、合著，彰国社，2002 年)

中林由行

1943 年　熊本县出生

1965 年　东京大学工学部建筑学科毕业

1970 年　同大学大学院中退

现在，综合建筑研究所　社长

NPO 法人全国公寓式住宅推进协议会　事务局长

【主要著作】

《合作建房》(合著，鹿岛出版会)、《共同居住的形式》(合著，建筑资料研究社，1997 年)、《环境共生住宅 计划・建筑篇》(合著，KEEBUN 出版，1994 年)

三谷　彻

1960 年　静冈县出生

1985 年　东京大学大学院建筑学专业硕士课程结业

1987 年　哈佛大学大学院景观建筑硕士课程结业

任职于彼得沃克 & 玛萨舒瓦茨事务所，笹木环境设计办公室，现在，ONSITE 计划设计事务所合伙人，千叶大学环境造园学副教授。博士（工学）

【代表作品】

“风之丘”、“品川中央公园”、“本田和光大厦”

【主要著作】

《观赏风景之旅》(丸善，1990 年)、《大地艺术的地平面》(约翰伯得斯利著，三谷彻译，鹿岛出版会，1993 年)、《现代园林学》(马克・特雷布编著，三谷彻译，鹿岛出版会，2007 年)

作者介绍（按目录顺序）

大野秀敏

1949 年　岐阜县出生

1972 年　东京大学大学院工学系研究科建筑学专业结业

1983 年　任东京大学助手，副教授，1999 年起同大学大学院教授（大学院新领域创建科学研究科环境学专业）

1984 年起开始设计活动（与 APL 设计创作室共同）

至今

【代表作品】

“NBK 关工园 事务楼・礼堂大楼”、“茨城县营松代公寓”、“弗洛伊德彦岛”

【主要著作】

《香港超级城市 Hong Kong: Alternative Metropolis》(《SD》1992 年 3 月号特集)，《如何整理建筑的思路》(彰国社，2000 年)，《fibercity》(杂志 JA（The Japan Architect）63 号 2006 年秋号特集)

萩原 NATSU 子

御茶水女子大学大学院硕士课程结业

曾任丰田财团研究员，东横学园女子短期大学副教授，宫城县环境生活部次长，武藏工业大学环境情报系副教授，从 2006 年 4 月，任立教大学社会系，立教大学大学院 21 世纪社会设计研究科准教授。博士（学术）

环境生活文化机构理事，NPO 法人日本 NPO 中心常务理事，共识管理协会副代表

【主要著作】

《往哪里去！ YABO——儿童与生态学》(RECYCLE 文化社，1990 年)、《讲座环境社会学环境运动与政策的动态主义》(合著、有裴阁，2001 年)、《从性别学习的文化人类学》(合著、世界思考社，2005 年)，《生态与社会》(默里・布克金著、共同翻译，白水社，1996 年)

阵内秀信

1947 年　福冈县出生

1971 年　东京大学工学部建筑学科毕业

1980 年　东京大学大学院工学系研究科博士课程满期退学

1973 ~ 1976 年　委内瑞拉建筑大学，罗马中心留学

现在，法政大学教授，法政大学大学院生态地域设计研究所所长。工学博士

建筑史学家

【主要著作】

《委内瑞拉城市背景解读》(鹿岛出版会，1986 年)、《城市解读　意大利》(法政大学出版局，1988 年)、《东京的空间人类学》(筑摩书房，1985 年)

大西文秀

1951 年　大阪府出生

1975 年　神户大学农学部园艺农学科毕业

1977 年　大阪府立大学大学院农学研究科农业工学专业硕士课程结业

1999 年　大阪府立大学大学院农学生命科学研究科农学环境科学专业博士后课程结业

1977 年　竹中工务店就职

直到现在。博士（学术）

【主要著作】

《拜访另一艘宇宙飞船 Operating Manual for Spaceship River Basin by GIS，人与自然的环境指南》(旅游时代出版社，2002 年)、《以汇水面积为基调的环境容量的概念形成和定量化以及有关变动结构的基础研究》、《以学术研究为观点的流域管理模型的构筑和 GIS 的应用》